# 绿色食品申报指南
## 蜂产品卷

中国绿色食品发展中心 编著

中国农业科学技术出版社

### 图书在版编目（CIP）数据

绿色食品申报指南. 蜂产品卷 / 中国绿色食品发展中心编著. --北京：中国农业科学技术出版社，2024.5
ISBN 978-7-5116-6673-4

Ⅰ.①绿… Ⅱ.①中… Ⅲ.①蜂产品－绿色食品－申请－中国－指南 Ⅳ.①TS2-62

中国国家版本馆CIP数据核字（2024）第 023262 号

| | |
|---|---|
| 责任编辑 | 史咏竹 |
| 责任校对 | 马广洋 |
| 责任印制 | 姜义伟　王思文 |

| | |
|---|---|
| 出 版 者 | 中国农业科学技术出版社 |
| | 北京市中关村南大街 12 号　　邮编：100081 |
| 电　　话 | （010）82105169（编辑室）　　（010）82106624（发行部） |
| | （010）82109709（读者服务部） |
| 网　　址 | https://castp.caas.cn |
| 经 销 者 | 各地新华书店 |
| 印 刷 者 | 北京地大彩印有限公司 |
| 开　　本 | 148 mm×210 mm　1/32 |
| 印　　张 | 7.75 |
| 字　　数 | 202 千字 |
| 版　　次 | 2024 年 5 月第 1 版　　2024 年 5 月第 1 次印刷 |
| 定　　价 | 58.00 元 |

━━━━◆ 版权所有·侵权必究 ◆━━━━

# 《绿色食品申报指南·蜂产品卷》编著人员

**总 主 编** 张志华

**主　　编** 李显军　陈　倩

**技术主编** 王宗英　李　熠　赵方方

**副 主 编** 沈光宏　赵建坤　孙世德　杨远通　孙　永
　　　　　　盖文婷　张金凤　孟　浩　雷秋园

**编写人员**（按姓氏笔画排序）

|  |  |  |  |  |
|---|---|---|---|---|
| 王　敏 | 王　晶 | 王宗英 | 王雪薇 | 孔德磊 |
| 史美越 | 乔春楠 | 江　波 | 孙　永 | 孙世德 |
| 杜志明 | 李　田 | 李　政 | 李　熠 | 李成华 |
| 李宇明 | 李显军 | 杨　琳 | 杨　震 | 杨远通 |
| 沈光宏 | 宋　铮 | 张　侨 | 张金凤 | 张海彬 |
| 张逸先 | 陈　倩 | 陈　曦 | 陈红彬 | 房晓燕 |
| 孟　浩 | 赵方方 | 赵建坤 | 修文彦 | 敖　奇 |
| 徐淑波 | 黄国梁 | 曹　雨 | 盖文婷 | 雷秋园 |

# 序

良好的生态环境、安全优质的食品是人们对美好生活的追求和向往。为保护我国生态环境，提高农产品质量，促进食品工业发展，增进人民身体健康，农业部①于20世纪90年代推出了以"安全、优质、环保、可持续发展"为核心发展理念的"绿色食品"。经过30多年的发展，绿色食品事业取得显著成效，创建了一套特色鲜明的农产品质量安全管理制度，打造了一个安全优质的农产品精品品牌，创立了一个蓬勃发展的新兴朝阳产业。截至2022年年底，全国有效使用绿色食品标志的企业总数已达25 928家，产品总数达55 482个。发展绿色食品为提升我国农产品质量安全水平，推动农业标准化生产，增加绿色优质农产品供给，促进农业增效、农民增收发挥了积极作用。

当前，我国农业已进入高质量发展的新阶段。发展绿色食品有利于更好地满足城乡居民对绿色化、优质化、特色化、品牌化农产品的消费需求，对我国加快建设农业强国、全面推进乡村振兴、加强生态文明建设等战略部署具有重要支撑作用，日益受到各级地方

---

① 中华人民共和国农业部，全书简称农业部。2018年3月，国务院机构改革将农业部职责整合，组建中华人民共和国农业农村部，简称农业农村部。

政府部门、生产企业、农业从业者和消费者的广泛关注和高度认可。越来越多的生产者希望生产绿色食品、供应绿色食品,越来越多的消费者希望了解绿色食品、吃上绿色食品。

为了让各级政府和农业农村主管部门、广大生产企业和从业人员、消费者系统了解绿色食品发展概况、生产技术与管理要求、申报流程和制度规范,中国绿色食品发展中心从2019年开始组织专家编写《绿色食品申报指南》系列丛书,目前已编写出版稻米、茶叶、水果、蔬菜、牛羊和植保6本专业分卷,以及《绿色食品标志许可审查指南》《绿色食品现场检查指南》,共8本图书。2023年,中国绿色食品发展中心继续组织编写了水产、食用菌、蜂产品3本专业分卷。同时,为总结各地现场检查典型经验,进一步提高检查员现场检查技术水平,中国绿色食品发展中心邀请从事绿色食品审查工作多年的资深检查员共同编写了《绿色食品现场检查案例》。

《绿色食品申报指南》各专业分卷从指导绿色食品生产和申报的角度,将《绿色食品标志管理办法》《绿色食品标志许可审查程序》《绿色食品标志许可审查工作规范》以及绿色食品标准中的条文以平实简洁的文字、图文并茂的形式进行详细解读,力求体现科学性、实操性和指导性,有助于实现制度理解和执行尺度的统一。每卷共分5章,包括绿色食品概念、发展成效和前景展望的简要介绍,绿色食品生产技术的详细解析,绿色食品申报要求的重点解读，具体申报的案例示范，以及各类常见问题的解答。

《绿色食品现场检查案例》从指导检查员现场检查工作的角度，面向全国精选了一批不同生产区域、不同生产模式、不同产品类型的现场检查典型案例，完整再现现场检查实景和工作规范，总结现场检查经验技巧，展示绿色食品生产技术成果，以实例教学的方式解读《绿色食品现场检查工作规范》及绿色食品相关标准，并结合产品类型特点，对现场检查过程中的关键环节、技术要点、常见问题、风险评估等进行了分析探讨和经验总结，对提高现场检查工作的规范性和实效性具有重要指导意义。

《绿色食品申报指南》系列丛书对申请使用绿色食品标志的企业和从业者有较强的指导性，可作为绿色食品企业、绿色食品内部检查员和农业生产从业者的培训教材或工具书，还可作为绿色食品工作人员的工作指导书，同时，也为关注绿色食品事业发展的各级政府有关部门、农业农村主管部门工作人员和广大消费者提供参考。

中国绿色食品发展中心主任  金发忠

# 目　录

**第一章　绿色食品概述** …………………………………… 1
　一、绿色食品概念 ………………………………………… 1
　二、绿色食品发展成效 …………………………………… 5
　三、绿色食品市场发展 …………………………………… 9
　四、绿色食品发展前景展望 ……………………………… 15

**第二章　绿色食品蜂产品生产技术** ……………………… 26
　一、产地环境 ……………………………………………… 26
　二、蜜蜂饲养管理 ………………………………………… 33
　三、蜜蜂常见病虫敌害及中毒防治管理 ………………… 41
　四、蜂产品生产加工 ……………………………………… 46
　五、绿色食品蜂产品品质和质量安全 …………………… 52

**第三章　绿色食品蜂产品申报要求** ……………………… 65
　一、绿色食品申报条件 …………………………………… 65
　二、绿色食品申报流程 …………………………………… 68
　三、绿色食品申报材料内容和要求 ……………………… 74

## 第四章　绿色食品蜂产品申报范例 …………… 97
　　一、蜂产品（中华蜜蜂）申报范例……………… 97
　　二、蜂产品（意大利蜂）申报范例……………… 128

## 第五章　绿色食品蜂产品申报常见问题 ………… 196
　　一、关于绿色食品申报流程……………………… 196
　　二、关于绿色食品申报资质条件………………… 197
　　三、关于绿色食品生产要求……………………… 199
　　四、关于绿色食品产地环境和产品检验………… 200
　　五、关于绿色食品标志使用……………………… 201

**参考文献** …………………………………………… 204

**附录 1　绿色食品　兽药使用准则（NY/T 472—2022）** …… 206

**附录 2　绿色食品　蜂产品（NY/T 752—2020）** …………… 220

# 第一章
# 绿色食品概述

## 一、绿色食品概念

### (一) 绿色食品产生的背景

良好的生态环境、安全优质的食品是人们对美好生活追求的重要内容,是人类社会文明进步的重要体现,国际社会历来关注和重视环境保护和食品安全问题。20世纪80年代末90年代初,随着我国经济发展和人们生活水平的提高,人们对食品的需求从简单的"吃得饱"向更高层次的"吃得好""吃得安全""吃得健康"转变,同时农业发展开始实现战略转型,向高产、优质、高效方向发展,农业生产和生态环境和谐发展日益受到关注。在这种形势下,农业部农垦部门在研究制定全国农垦经济社会"八五"发展规划时,根据农垦系统得天独厚的生态环境、规模化集约化的组织管理和生产技术等优势,借鉴国际有机农业生产管理理念和模式,提出在中国开发绿色食品。

开发绿色食品的战略构想得到农业部领导的充分肯定和高度重视。1991年,农业部向国务院呈报了《关于开发"绿色食品"的情况和几个问题的请示》。国务院对此作出重要批复(图1-1),明确指出"开发绿色食品对保护生态环境,提高农产品质量,促进食品工业发展,增进人民健康,增加农产品出口创汇,都具有现实意义和深远影响。要采取措施，坚持不懈地抓好这项开创性工作，各有关部门要给予大力支持"。

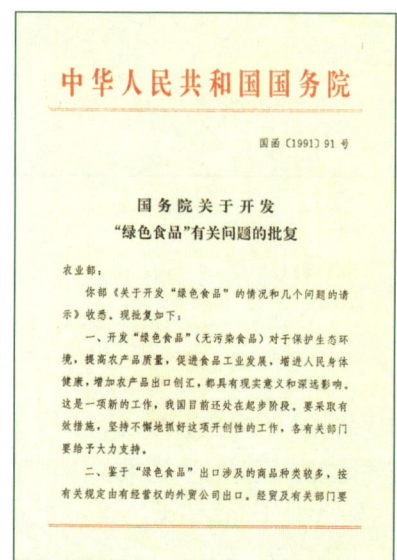 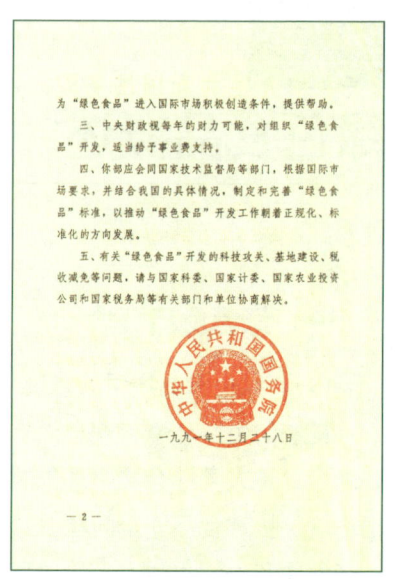

图 1-1　国务院关于开发"绿色食品"有关问题批复文件

1992年，农业部成立绿色食品办公室，并在国家有关部门的支持下组建了中国绿色食品发展中心，组织开展全国绿色食品开发和管理工作。从此，我国绿色食品事业步入了规范有序、持续发展的轨道。

### （二）绿色食品概念、特征和发展理念

绿色食品并不是"绿颜色"的食品，而是对"无污染"食品的一种形象的表述。绿色象征生命和活力，食品维系人类生命，自然资源和生态环境是农业生产的根基，农业是食品的重要来源，由于与生命、资源和环境相关的食物通常冠之以"绿色"，将食品冠以"绿色"，"绿色食品"概念由此产生，突出强调这类食品出自良好的生态环境，并能给人们带来旺盛的生命活力，所以最初绿色食

品特指无污染的安全、优质、营养类食品。随着绿色食品事业的不断发展壮大,制度规范不断健全,标准体系不断完善,其概念和内涵也不断丰富和深化。《绿色食品标志管理办法》规定,绿色食品指产自优良生态环境、按照绿色食品标准生产、实行全程质量控制并获得绿色食品标志使用权的安全、优质食用农产品及相关产品。

绿色食品的概念充分体现了其"从土地到餐桌"全程质量控制的基本要求和安全优质的本质特征。按照"从土地到餐桌"全程质量控制的技术路线,绿色食品创建了"环境有监测、生产有控制、产品有检验、包装有标识、证后有监管"的标准化生产模式,并建立了完善的绿色食品标准体系。突出体现绿色食品促进农业可持续发展、提供安全优质营养食品、提升产业发展水平和促进农民增产增收的发展理念。

(三)绿色食品标志

1990年,绿色食品事业创建之初,开拓者们认为绿色食品应该有区别于普通食品的特殊标识,因此根据绿色食品的发展理念构思设计出了绿色食品标志图形(图1-2)。该图形由3部分构成,上方的太阳、下方的嫩芽和中心的蓓蕾,象征自然生态;颜色为绿色,象征着生命、农业、环保;图形为正圆形,意为保护。绿色食品标志图形描绘了一幅明媚阳光照耀下的和谐生机,意欲告诉人们绿色食品正是出自优良生态环境的安全、优质食品,同时,还提醒人们要保护环境,通过改善人与自然的关系,创造自然界新的和谐。

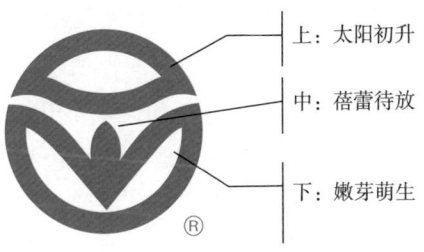

图1-2 绿色食品标志图形

1991年，绿色食品标志经国家工商总局[①]核准注册，1996年又成功注册成为我国首例质量证明商标，受法律的保护。《中华人民共和国商标法》明确规定，经商标局核准注册的商标为注册商标，包括商品商标、服务商标、集体商标、证明商标；商标注册人享有商标专用权，受法律保护。中国绿色食品发展中心是绿色食品证明商标的注册人。根据《绿色食品标志管理办法》的规定，中国绿色食品发展中心负责全国绿色食品标志使用申请的审查、颁证和颁证后跟踪检查工作。

证明商标是指由对某种商品服务具有监督能力的组织所控制，而由该组织以外的单位或者个人使用于其商品或服务，用以证明该商品或服务的原产地、原料、制造方法、质量或其他特定品质的标志。

> **普通商标与证明商标的区别**
>
> （1）证明商标，注册人必须有检测、监督能力，其他自然人、企业或组织不能注册；对普通商标注册人无此要求。
>
> （2）申请证明商标，要审查公信力、检测监督能力和《证明商标使用管理规则》；普通商标申请人真实合法就可以。
>
> （3）证明商标注册人自身不能使用该商标。
>
> （4）普通商标能不能用，注册人说了算；证明商标使用条件明确公开，达标就能申请使用。

目前，中国绿色食品发展中心在国家知识产权局商标局注册的绿色食品图形、文字和英文及其组合共10种形式（图1-3），包括标准字体、字形和图形用标准色都不能随意修改。同时，绿色食品商标已在美国、俄罗斯、法国、澳大利亚、日本、韩国等10个国家以及中国香港地区成功注册。

---

[①] 中华人民共和国国家工商行政管理总局，全书简称国家工商总局。2018年3月，国务院机构改革将其商标管理职责整合，组建中华人民共和国国家知识产权局商标局。

图 1-3 绿色食品标志形式

## 二、绿色食品发展成效

经过30多年的发展,我国绿色食品从概念到产品,从产品到产业,从产业到品牌,从局部发展到全国推进,从国内走向国际。总量规模持续扩大,品牌影响力持续提升,产业经济、社会和生态效益日益显现,成为我国安全优质农产品的精品品牌,为推动农业标准化生产、提高农产品质量水平、促进农业提质增效、帮助农民增产增收、保护农业生态环境、推进农业绿色发展等发挥了积极的示范引领作用。

(一) 创立一个新兴产业

绿色食品建立了以品牌为引领，基地建设、产品生产、市场流通为链接的产业发展体系，产业发展初具规模，水平不断提高。

截至2022年年底，全国有效使用绿色食品标志的企业总数已达25 928家，产品总数已达55 482个。获证主体包括7 518家地市县级以上龙头企业和8 000多家农民专业合作组织。产品涵盖农林及加工产品、畜禽类产品和水产类产品等5个大类57个小类1 000多个品种。其中，农林及加工类占比81.05%，畜禽类占比3.58%，蜂产品230个，年产量1.96万吨。全国共建成绿色食品原料标准化生产基地748个，种植面积1.74亿亩①，涉及百余种地区优势农产品和特色产品，共带动2 126万多个农户发展。绿色食品产地环境监测的农田、果园、茶园、草原、林地和水域面积为1.56亿亩。绿色食品发展总量、产品结构和蜂产品情况如图1-4至图1-6所示。

图1-4　2010—2022年有效使用绿色食品标志的企业数量和产品数量

---

① 1亩≈667米²，全书同。

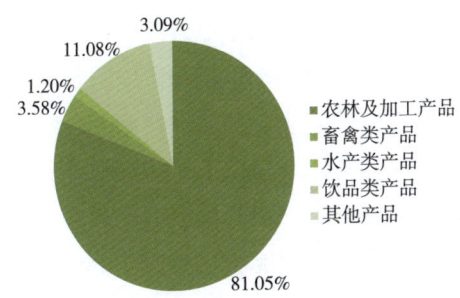

图 1-5 2022 年绿色食品产品结构

图 1-6 2013—2022 年绿色食品蜂产品产量在全国蜂产品产量中的占比

(数据来源：国家统计局)

## （二）保护生态环境，促进农业可持续发展

绿色食品生产要求选择生态环境良好、无污染的地区，远离工矿区及公路、铁路干线，避开污染源；在绿色食品和常规生产区域之间设置有效的缓冲带或物理屏障，以防绿色食品生产基地受到污染；建立生物栖息地，保护基因多样性、物种多样性和生态系统多

样性，以维持生态平衡；要保证基地具有可持续生产能力，不对环境或周边其他生物产生污染。根据2020年中国农业大学张福锁院士团队《绿色食品生态环境效应、经济效益和社会效应评价》课题研究，其生态环境效益主要体现在以下3个方面。

**1. 减肥减药成效显著，三类作物呈增产效应**

绿色食品生产模式化学氮肥投入量减少39%、化学磷肥投入量减少22%、化学钾肥投入量减少8%，2010—2019年累计减少化学氮肥投入1 458万吨；农药使用强度降低60%，2010—2019年累计减少农药投入54.2万吨。与常规种植模式相比，绿色食品生产模式作物产量平均提高11%，其中，粮食、蔬菜和经济作物单产分别增加12%、32%和13%。

**2. 有效提高耕地质量、促进土壤健康**

种植绿色食品10年后，土壤有机质、全氮、有效磷和速效钾分别增加31%、4.9%、42%和32%。

**3. 减排效果显著，大幅提升生态系统服务价值**

2010—2019年，氨挥发累计减排98.42万吨；硝酸盐（$NO_3^-$）淋洗减少61.98万吨；一氧化二氮（$N_2O$）减排4.29万吨；温室气体减排5 558万吨。2009—2018年，绿色食品生产模式累计创造生态系统服务价值32 059亿元。

**（三）构建具有国际先进水平的标准体系**

经过30多年的探索和实践，绿色食品从安全、优质和可持续发展的基本理念出发，立足打造精品，满足高端市场需求，创建并落实"从土地到餐桌"的全程质量管理模式，建立了一套定位准确、结构合理、特色鲜明的标准体系，包括产地环境质量标准、生产过程标准、产品质量标准、包装与储运标准4个组成部分，涵盖了绿色食品产业链中各个环节标准化要求。绿色食品标准质量安全要求达到国际先进水平，一些安全指标甚至超过欧盟、美国、日本等发达国家和地区水平。农业农村部发布绿色食品现行有效标准143项。绿色食品标准体系为指导和规范绿色食品的生产行为、质量技术检测、标志许可审查和证后监督管理提供了依据和准绳，为绿色食品事业持续健康发展提供了重要技术支撑，同时，也为不断提升我国农业生产和食品加工水平树立了"标杆"。

### （四）促进农业生产方式转变，带动农业增效、农民增收

绿色食品申请人须能独立承担民事责任，具有稳定的生产基地，因此，发展绿色食品须将一家一户的农业生产集中组织起来，组成企业组织模式或合作社模式。绿色食品促进了粗放型、散户型、人力化农业生产向规范化、集约化和智能机械化生产转变，不仅保证了农产品的质量，保护了生态环境，还带动了农业增效、农民增收。张福锁院士的调查研究显示，70%以上的绿色食品企业管理者认为发展绿色食品有利于其产品、价格、渠道和营销升级，企业年产值增加50.3%，农户收入增加43%，企业通过发展绿色食品，实现了产品质量不断提升、经济效益稳步增加的"双赢"局面。在产业扶贫工作中，绿色食品也发挥了重要作用，2016—2020年绿色食品累计支持国家级贫困县以及新疆、西藏[①]等地区的5 154个企业发展了11 351个绿色食品产品。根据河北、吉林、河南、湖南、贵州、云南、西藏、甘肃等8省（区）的调研数据，发展绿色食品带动贫困地区近56万个贫困户脱贫，户均增收7 000多元。

## 三、绿色食品市场发展

市场是实现绿色食品品牌价值的基本平台。多年来，绿色食品面向国际国内两个市场，加强品牌的深度宣传，加大市场服务力度，搭建多渠道营销体系，不断提升品牌的认知度和公信度，提高

---

① 新疆维吾尔自治区，全书简称新疆；西藏自治区，全书简称西藏。

品牌的竞争力和影响力，使绿色食品始终保持"以品牌引领消费、以消费拓展市场、以市场拉动生产"持续健康发展的局面。

### （一）绿色食品消费调查分析

经过多年发展，绿色食品已得到公众的普遍认可，消费者对绿色食品品牌的认知度已超过80%，绿色食品已成为我国最具知名度和影响力的品牌之一，满足了人们对安全、优质、营养类食品的需求。

根据华商传媒研究所2015年的调研，对来自全国15个副省级城市和4个直辖市的6 000名消费者进行问卷调查并进行分析，结果显示，有87.77%的人"购买过"绿色食品，选择"没有购买过"的仅占4.33%。另外，还有7.90%的人表示"不清楚"（图1-7）。

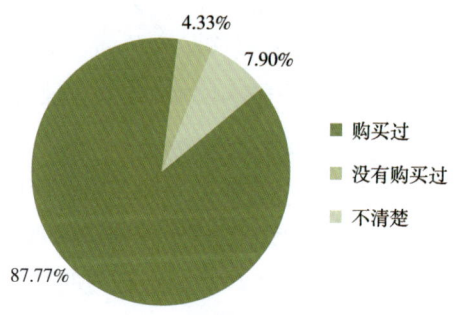

图1-7　绿色食品购买情况调查

在对消费者购买绿色食品主要基于哪些方面考虑的调查中，受访者认为"无污染，对健康有利"是其选择绿色食品的主要考虑因素，占81.85%；基于"担心市面上的食品不安全"考虑的受访者占58.15%；选择"主要买给孩子吃"和"营养价值高"的比例接近，分别为33.18%和32.98%（图1-8）。

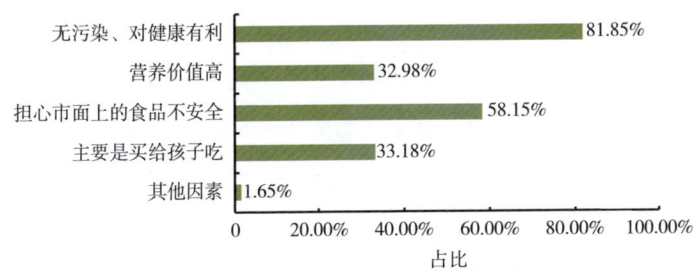

图1-8 选择绿色食品原因调查

调查结果显示,"过去一年居民家里购买绿色食品的频率"在"10次以上/年"的受访者占40.88%;23.85%的受访者选择"3~5次/年";"从未购买过"的比例为3.82%(图1-9)。

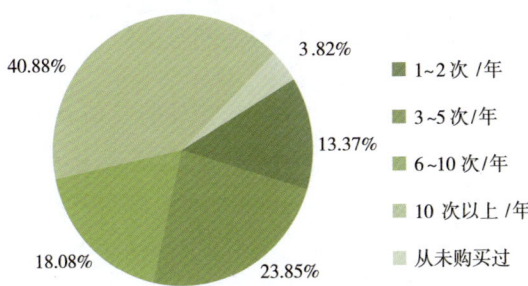

图1-9 绿色食品购买频率调查

调查结果显示,对于"居民所在城市的绿色食品专营店数量",60.61%的受访者选择"大型超市有专柜";16.92%的受访者表示"未关注过"(图1-10)。

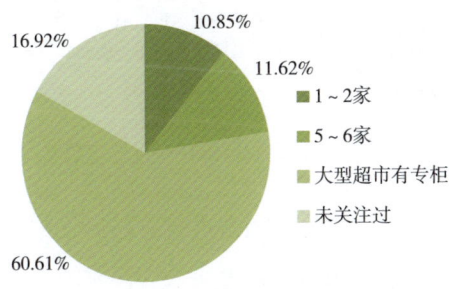

图1-10 绿色食品专营店数量调查

关于绿色食品价格的调查中，48.72%的受访者能接受其比一般商品价格高30%以下；40.58%的受访者接受其比一般商品价格高30%~50%；对于绿色食品高于一般商品价格80%以上，受访者基本不接受（图1-11）。

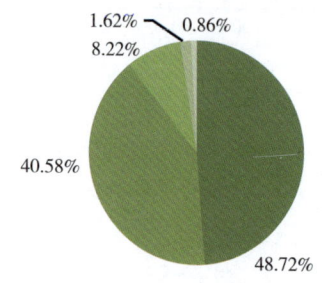

图1-11　绿色食品价格调查

在对待绿色食品的态度上，68.77%的受访者表示"为了健康，偶尔会选择绿色食品"；21.95%的受访者表示"即使价格贵很多，也倾向于购买绿色食品"；6.55%的受访者称"价格太高，不太会购买绿色食品"，另有2.73%的受访者认为"是否是绿色食品无所谓"（图1-12）。

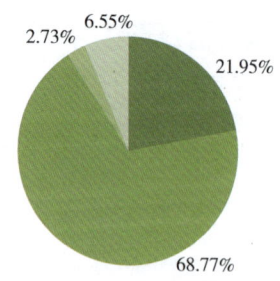

图1-12　居民对待绿色食品态度调查

在对特定人群的绿色食品消费进行分析后，结果显示：①男女购买绿色食品比例基本相同。②老年人和高素质人群更注重食品健康和饮食安全。③高学历人群更注重下一代健康。④高学历高收入群体是绿色食品消费的主力人群。⑤消费者承受的价格区间是比普通食品价格高50%以内。

(二) **绿色食品销售情况**

随着人们生活水平的不断提高,以及绿色食品供给能力的不断提升,绿色食品国内外销售额逐年攀升。目前,在国内部分大中城市,绿色食品通过专业营销机构和电商平台进入市场,一大批大型连锁经营企业设立了绿色食品专店、专区和专柜。中国绿色食品博览会已成功举办了22届,吸引了大量国内外的生产商和专业采购商,成为产销对接、贸易合作和信息交流的重要平台(图1-13和图1-14)。

图 1-13 第二十二届中国绿色食品博览会暨第十五届中国国际有机食品博览会在合肥举办

图 1-14　第二十二届中国绿色食品博览会展区

绿色食品国内销售额从1997年的240亿元发展到2022年的5 398亿元，出口额从1997年的7 000多万美元，发展到2022年的31.4亿美元（图1-15和图1-16）。

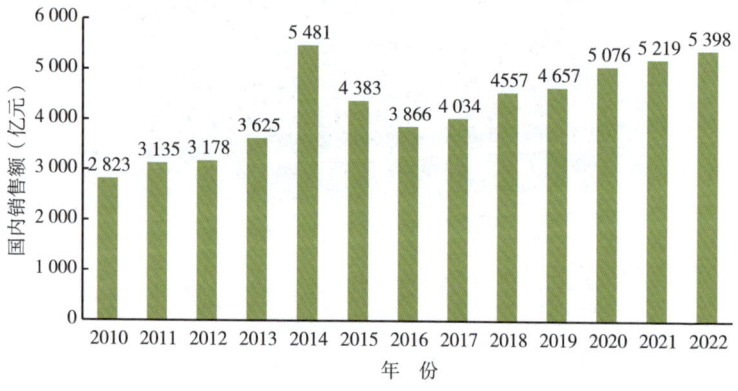

图 1-15　2010—2022 年绿色食品产品国内销售额

图 1-16　2010—2022 年绿色食品产品出口额

## 四、绿色食品发展前景展望

当前，我国农业已进入高质量发展的新阶段。在全面推进乡村振兴、加快建设农业强国战略背景下，绿色食品将迎来新的历史发展机遇。深入贯彻落实中央决策部署，准确把握新形势新要求，大力发展绿色食品，对增加绿色优质农产品供给、更好地保障粮食安全、推动农业高质量发展、助力乡村振兴和建设农业强国具有重要意义。

（一）形势要求

**1. 发展绿色食品是积极践行大食物观、全面夯实粮食安全根基的必然要求**

粮食安全是国之大者。党的二十大报告提出"全面夯实粮食安全根基"，明确要求树立大食物观，构建多元化食物供给体系。习近平总书记对增加绿色优质农产品供给高度重视，多次强调农产品保供，既要保数量，也要保多样、保质量。大力发展绿色食品，是践行大食物观、落实农产品"三保"的必然要求，有利于提高绿色优质农产品供给保障能力，更好地满足人民群众高品质、多样化食物消费需求，有利于全面夯实粮食安全根基，稳住农业基本盘，事关国之大者、民之关切。

**2. 发展绿色食品是贯彻落实绿色发展理念、推进农业现代化的重要途径**

绿色是新发展理念的重要组成部分，生态低碳是中国式农业农村现代化的重要价值取向。党的二十大报告提出"加快发展方式绿色转型，推动形成绿色低碳的生产方式和生活方式"。绿色食品牢固树立和践行"绿水青山就是金山银山"发展理念，坚持走"生态优先、绿色环保"可持续发展道路，推行产地洁净化、生产标准化、投入品减量化、废弃物资源化、产业生态化的绿色发展模式，全链条拓展农业绿色发展空间，进一步推动农业绿色发展、循环发展、低碳发展，形成节约适度、绿色低碳的生产生活方式。作为现代农业的重要模式，绿色食品被誉为"全球可持续农业发展20个最成功的模式之一"。

**3. 发展绿色食品是推动农业高质量发展、加快建设农业强国的重要支撑**

推动农业高质量发展是建设农业强国的重要目标。习近平总书记在中央农村工作会议上指出，要推动品种培优、品质提升、品牌打造和标准化生产（简称生产"三品一标"），这为新阶段推进农业高质量发展、提升质量效益竞争力提供了路径指引。绿色食品作为产品"三品一标"（绿色食品、有机产品、农产品地理标志和食用农产品承诺达标合格证）的重要力量，采取全程质量控制和全链条标准化的技术路线，推行"质量认证与过程管理、品牌打造与产业发展相结合"的运作模式，与生产"三品一标"目标一致、路径相通，必将在统筹推进两个"三品一标"、推动农业高质量发展、加快建设农业强国中发挥重要的示范带动作用。

**4. 发展绿色食品是全面推进乡村振兴、促进农民增收共富的重要抓手**

乡村振兴战略是新时代"三农"工作的总抓手。产业振兴是乡村振兴的重中之重,也是开展实际工作的切入点。绿色食品以市场需求为引领,聚焦乡村优质资源,赋能乡村特色产业,推动产业提质升级,促进一二三产业融合,加快把乡村资源优势、生态优势、文化优势转化为产品优势、产业优势,打造城乡联动的产业集群,进一步增强产业韧性和市场竞争力,多渠道拓宽农民增收渠道,让农民从全产业链各环节中分享更多增值收益,实现巩固拓展脱贫攻坚成果同乡村振兴有效衔接,为乡村产业高质高效发展注入新的活力,以产业兴旺推动乡村全面振兴,实现农村宜居宜业、农民富裕富强。

**5. 发展绿色食品是加强绿色农产品市场建设、畅通城乡经济循环的重要举措**

加快构建以国内大循环为主体、国内国际双循环相互促进的新发展格局,是一项关系"十四五"全局发展的重大战略任务。习近平总书记强调,畅通国内大循环,要坚持扩大内需这个战略基点,以质量品牌为重点,促进消费向绿色、健康、安全发展。2020年我国人均国内生产总值(GDP)超过1万美元,面对城乡居民农产品消费已经从"吃得饱"向"吃得好、吃得营养健康"转变的新形势,亟须对标高品质生活需求,大力培育绿色优质农产品消费市场,进一步增强消费升级对生产供给和经济增长的拉动作用,更好地满足人民群众对绿色化、优质化、特色化、品牌化农产品的消费需求。

**6. 发展绿色食品是引领带动行业发展、推动农业科技进步的重要阵地**

科技创新是引领发展的第一动力。绿色食品经过30余年的发展，结合我国国情，灵活运用国际成熟的技术理论，建立了一套行业领先、特色鲜明的绿色产业发展技术体系，依托国内外知名科研院所、高等院校的院士与专家团队，构建了多个全国性产业技术创新战略联盟，在绿色食品综合效益、绿色产业链打造、营养品质功能评价等多个重点领域开展协同技术攻关，促进技术标准推广落地，成为引领带动行业发展、推动农业科技进步的重要阵地。未来，伴随生物技术、装备技术、信息技术等农业科技迅速发展，绿色食品必将以更加科学的技术理念、标准和模式在引领农业科技创新以及强化农业科技支撑等方面发挥更加重要的作用。

## （二）政策支持

发展绿色食品得到党和政府的高度重视和大力支持。习近平总书记在福建工作时就强调："绿色食品是21世纪的食品，很有市场前景，且已引起各级政府和主管部门的关注，今后要在生产研发、生产规模、市场开拓方面加大力度。"在2017年全国"两会"上，习近平总书记在参加四川省代表团审议时指出："要坚持市场需求导向，主攻农业供给质量，注重可持续发展，加强绿色、有机、无公害农产品供给。"

**1. 2004年以来，中央一号文件9次明确提出要大力发展绿色食品**

2021年：加强农产品质量和食品安全监管，发展绿色农产品、有机农产品和地理标志农产品，试行食用农产品达标合格证制度，推进国家农产品质量安全县创建。

2020年：继续调整优化农业结构，加强绿色食品、有机农产品、地理标志农产品认证和管理，打造地方知名农产品品牌，增加绿色农产品供给。

2017年：支持新型农业经营主体申请"三品一标"认证，加快提升国内绿色、有机农产品认证的权威性和影响力。

2010年：加快农产品质量安全监管体系和检验检测体系建设，积极发展无公害农产品、绿色食品、有机农产品。

2009年：加快农业标准化示范区建设，推动龙头企业、农业专业合作社、专业大户等率先实行标准化生产，支持建设绿色和有机农产品生产基地。

2008年：积极发展绿色食品和有机食品，培育名牌农产品，加强农产品地理标志保护。

2007年：搞好无公害农产品、绿色食品、有机食品认证，依法保护农产品注册商标、地理标志和知名品牌。

2006年：加快建设优势农产品产业带，积极发展特色农业、绿色食品和生态农业，保护农产品品牌。

2004年：开展农业投入品强制性产品认证试点，扩大无公害、绿色食品、有机食品等优质农产品的生产和供应。

**2. 绿色食品纳入"十四五"国家级规划**

《中华人民共和国国民经济和社会发展第十四个五年规划和二〇三五年远景目标纲要》明确提出，要完善绿色农业标准体系，加强绿色食品、有机农产品和地理标志农产品认证管理。

《"十四五"推进农业农村现代化规划》明确提出"加强绿色食品、有机农产品、地理标志农产品认证和管理，推进质量兴农、绿色兴农"。

《"十四五"全国农业绿色发展规划》将"加强绿色食品、有机农产品、地理标志农产品认证管理"作为提升农业质量效益竞争力的重要措施。

《"十四五"全国农产品质量安全提升规划》将绿色食品、有机产品和地理标志农产品（简称绿色有机地标）作为增加绿色优质农产品供给的主要内容。

### 3. 新修订的《中华人民共和国农产品质量安全法》增加"绿色优质农产品"表述

2023年1月1日，新修订的《中华人民共和国农产品质量安全法》正式施行。本次修订首次在法律层面增加"绿色优质农产品"表述，是深化农业供给侧结构性改革，实施质量兴农、绿色兴农战略，推进农业全面绿色转型发展的重要举措，有利于更好地满足城乡居民对绿色化、优质化、特色化、品牌化农产品的消费需求。

## （三）产业扶持

产业是乡村振兴的重中之重，也是绿色食品发展的根基。习近平总书记强调，要推动乡村产业振兴，紧紧围绕发展现代农业，围绕农村一二三产业融合发展，构建乡村产业体系。近年来，农业农村部会同国家发展改革委、财政部、生态环境部[①]等部门，深入贯彻落实习近平生态文明思想，以绿色发展理念为引领，加强政策指导，加大支持力度，推进绿色生态循环农业产业化发展，以产业振兴带动乡村全面振兴。

### 1. 顶层设计

2016年，农业部与财政部联合印发《建立以绿色生态为导向的农业补贴制度改革方案》，加快推动相关农业补贴政策改革，把政策目标由数量增长为主转到数量、质量、生态并重上来。2017年，中共中央办公厅、国务院办公厅印发《关于创新体制机制推进农业绿色发展的意见》，指出要制定农业循环低碳生产制度、农业资源环境管控制度和完善农业生态补贴制度，为农业绿色生态转型构建了制度框架。农业部印发《种养结合循环农业示范工程建设规划（2017—2020）》，支持整县打造种养生态循环产业链。2018年，

---

① 中华人民共和国国家发展和改革委员会，全书简称国家发展改革委；中华人民共和国财政部，全书简称财政部；中华人民共和国生态环境部，全书简称生态环境部。

中共中央、国务院印发《乡村振兴战略规划（2018—2022年）》，在强化资源保护与节约利用、推进农业清洁生产、集中治理农业环境突出问题等方面，进一步细化了农业绿色发展的政策措施。2019年，国务院印发《关于促进乡村产业振兴的指导意见》，要求推动种养业向规模化、标准化、品牌化和绿色化方向发展，延伸拓展产业链，增加绿色优质农产品供给，不断提高质量效益和竞争力。鼓励地方培育品质优良、特色鲜明的区域公共品牌，引导企业与农户共创企业品牌，培育一批"土字号""乡字号"产品品牌。2021年，国务院印发《关于加快建立健全绿色低碳循环发展经济体系的指导意见》提出鼓励发展生态种植、生态养殖，将加强绿色食品、有机农产品认证和管理作为主要举措，完善循环型农业产业链条，持续推进农业绿色低碳循环发展。

**2. 体系建设**

2017年，中共中央办公厅、国务院办公厅印发了《关于加快构建政策体系 培育新型农业经营主体的意见》，提出为新型农业经营主体发展"三品一标"创造政策、法律、技术、市场等环境和条件，特别针对突出困难，会同有关部门重点在金融、保险、用地等方面加大政策创设力度，引导新型农业经营主体多元融合发展、多路径提升规模经营水平、多模式完善利益分享机制以及多形式提高发展质量。中央财政安排补助资金14亿元专门用于支持合作社和联合社，重点支持制度健全、管理规范、带动力强的国家示范社，发展绿色生态农业，开展标准化生产，突出农产品加工、产品包装、市场营销等关键环节，进一步提升自身管理能力、市场竞争能力和服务带动能力。2018年，农业农村部印发《农业绿色发展技术导则（2018—2030）》，发布重大引领性农业绿色环保技术，遴选推介100项优质安全、节本高效、生态友好的主推技术，着力构建支撑农业绿色发展的技术体系。会同国家发展改革委、科技部[①]等7部门，评估确定了80个国家农业可持续发展示范区（农业绿色发展先行区）。充分挖掘乡村"土特产"资源以及生态涵养、健康养生等方面的价值功能，促进一二三产业融合，形成"农业+"多业态发展态势，实施乡村休闲旅游精品工程，挖掘各地绿色生态发展的典型经验，示范带动各地发展现代绿色生态农业。

### 3. 政策投入

2017年以来，农业农村部会同财政部立足区域优势资源，累计安排中央财政资金超过300亿元，支持建设优势特色产业集群、国家现代农业产业园和农业产业强镇，建设标准化绿色原料基地，推进绿色质量标准体系构建，打造了一批在全国乃至全球有影响力的绿色生态乡村产业发展集群，对周边生态产业发展起到示范引领作用。中国农业发展银行切实加大对各类涉农园区和农村一二三产业融合发展的支持力度，有力助推了乡村全面振兴和城乡融合发展。截至2021年4月，共支持各类涉农园区项目300个，贷款余额694.58亿元。2019—2021年，中央财政累计安排农田建设补助资金2 160.67亿元，支持地方开展高标准农田和农田水利建设，主要用于土地平整、土壤改良、灌溉排水与节水设施、田间机耕道、农田防护与生态环境保持、农田输配电等建设内容。其中，2021年安排安徽省农田建设补助资金43.3亿元，比2020年增加12.78亿元。农业农村部会同有关部门加强政策支持、技术指导，"十三五"期间累计支持723个县整县推进畜禽粪污资源化利用，实现了585个畜牧大县全覆盖。会同生态环境部印发《关于进一步明确畜禽粪污还田利用要求　强化养殖污染监管的通知》，有力推动了绿色生态循环农业发展。

---

[①] 中华人民共和国科学技术部，全书简称科技部。

### (四) 发展思路

党的二十大发出了加快建设农业强国的动员令。增加绿色优质农产品供给，是推动农业高质量发展的重要任务和必然要求，是加快建设农业强国的重要支撑。作为引领绿色生产、绿色消费的优质农产品主导品牌，助力乡村振兴、农民增收的新兴产业和推进质量兴农、实现农业现代化的重要力量，绿色食品将担负更加重要的职责使命，围绕国之大者和中央部署，深化职能定位，拓展功能作用，全面推动以绿色有机地标为主体的绿色优质农产品高质量创新发展，为全面推进乡村振兴，加快建设农业强国，不断满足城乡人民对绿色化、优质化、特色化、品牌化农产品的需求发挥更加积极的作用。

2023年2月24日，中国绿色食品发展中心印发《关于加快推进以绿色有机地标为主体的绿色优质农产品高质量创新发展的通知》，对当前及今后一个时期以绿色有机地标为主体的绿色优质农产品高质量创新发展做了全面部署。发展思路主要有4个方面：一是固本培元增总量。加快推进基地建设，全面加快绿色食品、有机农产品发展，不断增加绿色优质农产品生产总量和市场占比，满足公众强劲的消费需求。二是精益求精保质量。落实"四个最严"要求，强化跟踪检查和技术服务，建立全过程质量监管机制，压实主体责任，确保产品质量，提升品牌美誉度和公信力。三是包容并蓄树品牌。对标高品质生活新要求，全面拓展农产品品质规格、营养功能评价、品牌培育、名优农产品认定与宣传，全方位推进品种培优、品质提升和品牌打造，营造全社会关注绿色生产、推动绿色消费的良好氛围。四是守正创新铸机制。依照法律法规完善相关制度规范，建立健全立足当前、着眼长远、务实管用的工作规范和制度机制，全面激发以绿色有机地标为主体的绿色优质农产品事业高质量发展的动能和活力。

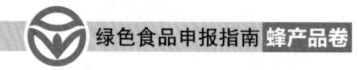

## （五）小　结

回顾绿色食品事业发展历程，20世纪80年代末90年代初，我国农业发展状况是刚刚解决温饱，发展水平低，解决10多亿人的吃饭问题是头等大事。那时，绿色食品事业的开拓者顺应时代浪潮，准确把握人民对食品安全的需求，抓住国家农业转型发展的战略机遇，提出发展安全、优质、无污染的食品，这就是"绿色食品"最初的概念。正如绿色象征着生命、健康和活力，也象征着环境保护和农业，"出自优良生态环境，带来强劲生命活力"是绿色食品健康和活力的充分体现。开发绿色食品是人类注重保护生态环境的产物，是社会进步和经济发展的产物，也是人们生活水平提高和消费观念改变的产物，是一项超前、开创性的工作，也是和我国农村改革发展相伴随的一项有意义的工作。

30多年来，绿色食品作为一项贯穿农业全面升级、农村全面进步、农民全面发展的系统工程，有效保护了我国农业资源环境，提升了农产品质量安全水平，加快了农业农村现代化的步伐。特别是新时代十年，绿色食品发展契合了国家生态文明建设、农业供给侧结构性改革、乡村产业振兴，以及绿色兴农、质量兴农、品牌强农等时代发展主题，作为满足人们对美好生活需求的重要支撑，农业增效、农民增收的重要途径，以及推进乡村振兴的重要抓手，彰显出更加强劲的生命活力和更加广阔的发展前景。未来，绿色食品必将成为农业绿色发展的标杆，品牌农业发展的主流。

回顾历史，催人奋进，展望未来，重任在肩。党的二十大擘画了全面建成社会主义现代化强国、以中国式现代化全面推进中华民族伟大复兴的宏伟蓝图，作出了全面推进乡村振兴、到2035年基本实现农业现代化、到21世纪中叶建成农业强国的战略部署。站在新征程的历史起点上，绿色食品要立足新发展阶段，完整、准确、全面贯彻新发展理念，坚持以人民为中心的服务宗旨，锚定农业强国战略目标，准确把握消费结构升级的新形势，主动融入农业农村工作大局，充分发挥农产品精品品牌的引领示范作用和农业供给侧结构性改革的积极推动作用，在全面实现高质量发展中展现更大作为，在全面推进乡村振兴，加快建设农业强国，实现农业强、农村美、农民富中发挥更大作用。

# 第二章
# 绿色食品蜂产品生产技术

养蜂业是农牧业绿色发展的纽带，集经济、社会和生态效益于一体，在满足群众生活需要、促进农业绿色发展、提高农作物产量、维护生态平衡、助力脱贫攻坚等方面发挥着重要作用。蜜蜂有群居性、寡食性和社会性生活习性，具有通过花粉传播产生的生态价值，以及通过蜜蜂授粉技术提高农作物产量、改善农产品品质的经济价值，为维持植物多样性、保持生态平衡以及农业可持续发展作出了贡献。绿色食品蜂产品具有自然生产和经济再生产的产品特点，本章主要根据蜂产品生产特点，按照绿色食品产地环境、农药、兽药、饲料及饲料添加剂使用准则要求，通过养殖环境选择（蜂场、蜜源地）、蜜蜂饲养技术（病敌害防治、蜂药使用等）、生产管理等方面的措施，与地理、水文、气候等自然环境保护高度融合，实现绿色食品蜂产品标准化、专业化安全生产。

## 一、产地环境

蜜蜂蜂场应建立在地势高燥、背风向阳、排水良好、小气候适宜的场所，蜂场环境示例见图2-1；周围3千米内无以蜜、糖为生产原料的食品厂，以及化工厂、农药厂及经常喷洒农药的果园；在生态环境良好，森林覆盖率高，生物多样性表现突出的地区，具有完整的森林生态系统；蜜蜂与植物共存，满足蜜蜂取食、迁飞、繁育等的生存需要，构成适合蜂群生长的蜜蜂栖息地。

## （一）产地环境要求

### 1. 生态环境

绿色食品蜂产品生产应选择生态环境良好、无污染的地区，远离工矿区、公路铁路干线和生活区，避开污染源；应距离公路、铁路、生活区50米以上，距离工矿企业1千米以上，远离污染源，配备切断有毒有害物进入产地的措施；蜜源植被覆盖率高，水源优质，自然环境优越；产地不受外来污染威胁，上风向和灌溉水上游不存在排放有毒有害物质的工矿企业；建立必要的生物栖息地，保护基因多样性、物种多样性和生态系统多样性，以维持生态平衡（图2-2）。绿色食品蜂产品生产应保证产地具有可持续生产能力，不对环境产生污染，不影响周边其他生物。

图2-1 浙江省丽水市龙泉市锦溪镇某蜂场

图2-2 良好生态环境（摄影：王宗英）

### 2. 土壤质量

蜂场3千米范围内应具备至少一种丰富的主要蜜粉源植物。蜜粉源植物主要来源于林木、作物、蔬菜等。土壤环境质量按土壤耕作方式的不同分为旱田和水田两大类（表2-1），每类又根据土壤pH值的高低分为3种情况，即pH值<6.5，6.5≤pH值≤7.5，pH值>7.5，天然园地土壤不是施用含有毒有害物质的工业废渣改良过的土壤。

表2-1　土壤质量要求

| 项目 | 旱田 | | | 水田 | | | 检验方法 |
| --- | --- | --- | --- | --- | --- | --- | --- |
| | pH值<6.5 | 6.5≤pH值≤7.5 | pH值>7.5 | pH值<6.5 | 6.5≤pH值≤7.5 | pH值>7.5 | NY/T 1377 |
| 总镉 | ≤0.30 | ≤0.30 | ≤0.40 | ≤0.30 | ≤0.30 | ≤0.40 | GB/T 17141 |
| 总汞 | ≤0.25 | ≤0.30 | ≤0.35 | ≤0.30 | ≤0.40 | ≤0.40 | GB/T 22105.1 |
| 总砷 | ≤25 | ≤20 | ≤20 | ≤20 | ≤20 | ≤15 | GB/T 22105.2 |
| 总铅 | ≤50 | ≤50 | ≤50 | ≤50 | ≤50 | ≤50 | GB/T 17141 |
| 总铬 | ≤120 | ≤120 | ≤120 | ≤120 | ≤120 | ≤120 | HJ 491 |
| 总铜 | ≤50 | ≤60 | ≤60 | ≤50 | ≤60 | ≤60 | HJ 491 |

注：果园土壤中铜限量值为旱田中铜限量值的2倍；水旱轮作的标准值取严不取宽；底泥按照水田标准执行。

### 3. 空气质量

蜂场（包括采蜜区）空气质量应适于蜂群生长和蜂产品生产。有效利用上一年度产地区域空气质量数据，综合分析产区空气质量。空气中各项污染物的浓度限值符合《绿色食品　产地环境质量》（NY/T 391）、《环境空气质量标准》（GB 3095）二类区（执行二级标准）的要求（表2-2和表2-3）。

表 2-2 空气质量要求（标准状态）

| 项目 | 指标 | | 检验方法 |
|---|---|---|---|
| | 日平均[a] | 1小时[b] | |
| 总悬浮颗粒物（毫克/米$^3$） | ≤0.30 | — | GB/T 15432 |
| 二氧化硫（毫克/米$^3$） | ≤0.15 | ≤0.50 | HJ 482 |
| 二氧化氮（毫克/米$^3$） | ≤0.08 | ≤0.20 | HJ 479 |
| 氟化物（微克/米$^3$） | ≤7 | ≤20 | HJ 955 |

a. 日平均指任何一日的平均指标。
b. 1小时指任何一小时的指标。

表 2-3 畜禽养殖业空气质量要求（标准状态）　　单位：毫克/米$^3$

| 项目 | 禽舍区（日平均） | | 畜舍区（日平均） | 检验方法 |
|---|---|---|---|---|
| | 雏禽 | 成禽 | | |
| 总悬浮颗粒物 | ≤8 | | ≤3 | GB/T 15432 |
| 二氧化碳 | ≤1 500 | | ≤1 500 | HJ 870 |
| 硫化氢 | ≤2 | ≤10 | ≤8 | GB/T 14678 |
| 氨气 | ≤10 | ≤15 | ≤20 | HJ 533 |
| 恶臭（稀释倍数，无量纲） | ≤70 | | ≤70 | GB/T 14675 |

### 4. 灌溉水质量

灌溉水源是深井水或水库等清洁水源，不使用污水或塘水等被污染的地表水。农田灌溉水包括用于农田灌溉的地表水、地下水，以及水培蔬菜、水生植物生产用水和食用菌生产用水等（表2-4），蜜蜂养殖用水应符合畜牧养殖用水水质要求（表2-5）。

表2-4　农田灌溉水水质要求

| 项目 | 指标 | 检验方法 |
|---|---|---|
| pH值 | 5.5～8.5 | GB/T 6920 |
| 总汞（毫克/升） | ≤0.001 | HJ 694 |
| 总镉（毫克/升） | ≤0.005 | GB/T 7475 |
| 总砷（毫克/升） | ≤0.05 | HJ 694 |
| 总铅（毫克/升） | ≤0.1 | GB/T 7475 |
| 六价铬（毫克/升） | ≤0.1 | GB/T 7467 |
| 氟化物（毫克/升） | ≤2.0 | GB/T 7484 |
| 化学需氧量（$COD_{cr}$）（毫克/升） | ≤60 | HJ 828 |
| 石油类（毫克/升） | ≤1.0 | HJ 970 |
| 粪大肠菌群[a]（MPN/升） | ≤10 000 | SL 355 |

a. 仅适用于灌溉蔬菜、瓜类和草本水果的地表水。

表2-5　畜牧养殖用水水质要求

| 项目 | 指标 | 检验方法 |
|---|---|---|
| 色度[a]（度） | ≤15，并不应呈现其他异色 | GB/T 5750.4 |
| 浑浊度[a]（散射浑浊度单位，NTU） | ≤3 | GB/T 5750.4 |
| 臭和味 | 不应有异臭、异味 | GB/T 5750.4 |
| 肉眼可见物[a] | 不应含有 | GB/T 5750.4 |
| pH值 | 6.5～8.5 | GB/T 5750.4 |
| 氟化物（毫克/升） | ≤1.0 | GB/T 5750.5 |
| 氰化物（毫克/升） | ≤0.05 | GB/T 5750.5 |
| 总砷（毫克/升） | ≤0.05 | GB/T 5750.6 |

（续表）

| 项目 | 指标 | 检验方法 |
|---|---|---|
| 总汞（毫克/升） | ≤0.001 | GB/T 5750.6 |
| 总镉（毫克/升） | ≤0.01 | GB/T 5750.6 |
| 六价铬（毫克/升） | ≤0.05 | GB/T 5750.6 |
| 总铅（毫克/升） | ≤0.05 | GB/T 5750.6 |
| 菌落总数[a]（CFU/毫升） | ≤100 | GB/T 5750.12 |
| 总大肠菌群（MPN/100毫升） | 不得检出 | GB/T 5750.12 |

a. 散养模式免测该指标。

## （二）蜜粉源植物要求

蜂场3千米范围内应具备丰富的蜜粉源植物，有至少一种主要蜜粉源植物及辅助蜜粉源植物。蜜粉源植物主要来源于林木、果树、作物、蔬菜、花卉、药材等。如油菜（图2-3、图2-4）、洋槐（图2-5）、荆条、椴树（图2-6）、枇杷（图2-7）、野桂花（图2-8）、五倍子（图2-9）、乌桕（图2-10）、鹅掌柴（图2-11）等（图片来自不同地区的绿色食品蜂产品生产主体，仅供参考），它们是蜜蜂赖以生存和繁衍的食物来源，也是养蜂业的物质基础。蜂场须有良好的生态及植物种类多样的植被，以便延续不断地提供蜜蜂生存所需的蜜源。蜜粉源植物使用的农药种类和使用方法应符合《绿色食品 农药使用准则》（NY/T 393）的规定，肥料种类和使用方法应符合《绿色食品 肥料使用准则》（NY/T 394）的规定。若半径5千米范围内存在有毒蜜粉植物，在有毒植物开花期不取蜂蜜。主要有毒植物为雷公藤、博落回、藜芦、紫金藤、苦皮藤、钩吻、乌头等。

图2-3 盛花期油菜花

图2-4 油菜花

图2-5 洋槐

图2-6 椴树（摄影：杜开森）

图2-7 枇杷花

图2-8 野桂花

图2-9 五倍子

图2-10 乌桕

图2-11 鹅掌柴

### (三)蜂场要求

蜂场须有良好的生态环境及植物种类多样的植被,以便延续不断地提供蜜蜂生存所需的蜜源。蜂场周围3千米范围应具备丰富的主要蜜粉源植物和辅助蜜粉源植物,定地蜂场附近至少要有两种以上主要蜜粉源植物以及种类较多且花期不一的辅助蜜粉源植物。蜂场附近空气质量、水质符合《绿色食品 产地环境质量》(NY/T 391)中环境空气质量和畜牧养殖用水水质要求。

## 二、蜜蜂饲养管理

### (一)蜜蜂饲养条件及准备工作

#### 1. 养蜂从业人员

养蜂技术人员应全面掌握养蜂专业饲养技术;饲养人员应了解相关品种的蜜蜂习性,掌握蜜蜂饲养技术,具有安全用药、蜂病防治等基本技能,能对蜜蜂实施良好的管理,持有养蜂证或国家规定的相关证件。养蜂和蜂产品加工人员应至少每年进行一次健康检查,传染病患者禁止从事蜂产品生产。

## 2. 蜂种与蜂群

宜选用对所在区域的气候与蜜粉源植物适应性良好、抗逆能力强、能维持强群、采集能力强的蜜蜂品种（图2-12和图2-13）。蜂王体格健壮，产卵积极；群势强盛，健康无病。气候严寒、越冬时间长的地区，宜饲养越冬性能好、耐寒的蜜蜂品种。如需要引种应就近引入，从气候、蜜粉源条件差异较大的地区引种要慎重，禁止从疫区引进蜂王或蜂群。

图2-12　西方蜜蜂（供图：腊峰蜂业）

图2-13　中华蜜蜂（摄影：王宗英）

## 3. 蜂场建设

（1）蜂场场址：选择地势高燥、背风、有遮阴植被或设施、安静、小气候适宜的场所，周围3千米范围内无糖厂、化工厂、农药厂、工矿企业、畜禽饲养场及垃圾场；周围5千米范围内无雷公藤、博落回、狼毒等有毒蜜源植物。距离公路、铁路50米以上，远离村庄、城镇、车站等人口活动区。场址选择示例见图2-14。

图2-14　蜂场（摄影：吴晓刚）

（2）蜂箱选择：选择适宜蜜蜂生长发育的蜂箱（图2-15），规格大小要适宜，蜂箱壁厚要适当，蜂箱用材要因地制宜。

（3）搭建平台：搭建适宜的蜂箱摆放平台，其高度和间距根据蜂群的生存环境、蜂箱的大小进行设置。

**4. 机具选择及卫生消毒**

（1）机具选择：蜂箱和巢框的用材应满足无毒、无味、质轻、性质稳定、牢固等条件。面网、起刮刀、

图2-15 蜂 箱

喷烟器、喷雾器、蜂刷、王笼、隔王板、取胶器、脱粉器、饲喂器等器具必须用无毒无害的材料制成，且便于清洗和消毒。割蜜刀和分蜜机必须是不锈钢材质制作。蜂场应配备赶蜂、脱蜂和防螨等工具。

（2）卫生消毒：木制蜂箱、竹制隔王板、隔王栅、饲喂器在使用前可用酒精喷灯火焰灼烧消毒，每年至少消毒一次。塑料隔王板、塑料饲喂器、塑料脱粉器可用0.2%的过氧乙酸或0.1%的新洁尔灭水溶液洗刷消毒，消毒后用清水漂洗干净。起刮刀和割蜜刀在使用后要及时清洗干净、妥善保存，使用前用火焰灼烧法或75%的酒精擦拭消毒。蜂扫和工作服可经常用4%的碳酸钠水溶液清洗后日光暴晒，防止有霉渍。

**（二）蜂群饲养管理技术**

饲养强群增强蜜蜂抗病力、保证蜂群良好发育。改善饲养管理条件，确保蜂群饲料充足。根据蜂场不同的环境、场地大小、蜂种、季节、饲养方式等合理摆放蜂群。总的原则是便于管理，便于蜜蜂采集飞行，利于蜜蜂认巢及防止盗蜂。

1. 蜂群排列

根据饲养规模和场地大小确定蜂群摆放方式。根据地形、地势尽可能将蜂群分散摆放，使用支架等支撑物架高蜂箱使其脱离地面，蜂箱放置要稳定、平衡。邻近蜂群的巢门朝向应尽可能错开或在蜂箱附近设置标志物，以防蜜蜂迷巢错投。目前蜂箱的排列方式主要采用单箱排列（图2-16和图2-17）、双箱排列、环形排列（图2-18）和平行排列（图2-19）等摆放布局。排列蜂箱时，蜂群增长期和流蜜期蜂箱巢门尽可能朝东或朝南，不可轻易朝西。越冬期间，为了控制出勤，有时可将巢门朝北排放。蜂箱摆放应左右平衡，避免巢脾倾斜。且蜂箱前部应略低于后部，避免雨水进入蜂箱。

图2-16　单箱分散排列（场地平稳）

图2-17　单箱分散排列（地势开阔）

图2-18　双箱分组环形排列（背风向阳）

图2-19　分组平行排列（方便出行）（摄影：吴晓刚）

## 2.检查工作

（1）放蜂场地

定期在蜂箱外部和蜂箱内部进行全面或局部检查（图2-20和图2-21），按《蜜蜂饲养技术规范》（NY/T 1160）蜂群检查的要求执行。保持蜂场和蜂群内的清洁卫生（图2-22），蜂箱底要经常清扫，对蜂胶、蜡屑、赘脾和割下的雄蜂房盖等物要及时收集处理，不要随地乱扔。场地上的杂草、垃圾、死蜂等随时清理深埋或烧掉。

图2-20 全面检查

图2-21 蜂群检查（摄影：吴晓刚）

（2）蜂群饲养管理

随蜂群群势的壮大，及时加脾，添加继箱，扩大蜂巢，防止蜂群分蜂热。分蜂用具如图2-23所示。扩大巢门和蜂路，注意防暑遮阴，避免阳光直射巢门，加强蜂群检查，及时清理王台（图2-24）。不使用被病原微生物污染或来历不明的蜂蜜、花粉作蜂群的饲料，以免传染病害或发生中毒。

图2-22 保持蜂场清洁卫生（摄影：吴晓刚）

图2-23 分蜂用具（摄影：王宗英）　　图2-24 王台（摄影：吴晓刚）

（3）蜜蜂病敌害防治

蜂场上的所有蜂箱、巢脾和蜂蜜等都应严密存放，以免发生盗蜂，造成病害传播。注意防止胡蜂及蜡螟（巢虫）等敌害，一旦发现及时捕杀、扑打和清除。

### 3. 蜂群饲喂

应保证蜂群蜜粉饲料常年充足及水的供应，饲料的来源和使用应符合《绿色食品　饲料及饲料添加剂》（NY/T 471）的规定。巢内贮蜜不足时，应优先补入蜜脾，补喂蜂蜜水应在夜晚进行，饲喂量以当晚吃完为宜，严格防范盗蜂。饲喂的花粉应以新鲜花粉最好。饲喂蜂群的蜂蜜和花粉应经灭菌处理。重金属污染、发酵的蜂蜜以及生虫、霉变的花粉不得用作蜜蜂饲料。

### 4. 蜂群春繁增长管理

春季蜂群饲养以补充饲喂和加强保温为主。各地蜂群春繁根据蜂群群势、蜜源条件及当地气候，距当地蜜粉源开花前20～30天开始，不宜过早。根据蜂群群势状况和天气情况因地制宜选择最佳春繁日期，根据地理环境一般1月1—10日较为适宜，避免超早繁蜂。以迅速恢复和发展蜂群为目标，先调整群势强弱互补，起步群势双王四脾足蜂为佳。将越冬蜂群换上洁净蜂箱及应有1/2空巢房的蜜粉脾，供蜂王产卵；工蜂密集，蜂多于脾，蜂路宜为12毫米。蜂箱底部有防潮设施，保持箱体干燥。当外界有蜜粉源开花时，开始奖饲，喂饲蜜汁或割开蜜脾。缺粉时要及时补饲蜂花粉，用蜂蜜制作蜂花粉饼喂饲蜂群。外界低温时，在巢门口用湿棉纱喂水，同时提供0.05%淡盐水，减少蜜蜂外出采水。当子脾大部分封盖、蜂多于脾时，在蜂巢外围加有蜜粉的空脾供蜂王产卵，做到蜂脾相称。当外界有蜜粉进巢时，添加空脾供蜂王产卵。春季要及时治螨和蜡螟（巢虫），注意清扫蜂箱杂质。根据气候特点，适时加脾扩巢。提倡使用脾式中闸板，防止蜂群飞逃。

**5. 越夏阶段管理**

追踪蜜粉源，当主要蜜源不能连续时，在蜜源开花前40天开始培育采蜜适龄蜂，并在流蜜初期产卵。在主要蜜源连续时，继箱群在巢箱不限制蜂王产卵。在流蜜初期，排列两继箱群。大流蜜开始，主群在原继箱下面加装带巢础框的继箱。主群采蜜、产浆、造脾、酿蜜、贮蜜；当外界流蜜期较长，箱内贮蜜占80%时，再继箱，以后依次类推。副群繁殖、产浆为主。在外界蜜源流蜜生产季节，巢箱保持双王繁殖，继箱存放空脾，酿蜜、贮蜜。在气温≥35℃的地区，蜂群应摆放树荫下或人工遮阳。在北方干热天气应喂水、喷水，放蜂场地饲养蜂群数量应按当地蜜粉源数量、流蜜量、面积及相应气候条件而定。

南方夏季，尤其是华南地区天气炎热，外界缺乏蜜粉源，蜂王产卵减少，群势衰弱，应确保过夏。把蜂群置于通风、阴凉和排水良好的树荫或阴棚下。切不可让太阳直晒蜂箱，保证蜂群的夏蜜采集能力，维持强群，减轻巢内负担，控制分蜂热，防止盗蜂，提高蜂蜜的质量和产量。给蜂场创造通风遮阴条件，预防山花粉和农药中毒，在蜂群繁殖5个月后的非流蜜期防治蜂螨。有条件的蜂场可利用蜂螨喜好寄生雄蜂蛹的特性，在蜂群繁殖期间按照《雄蜂蛹》（GB/T 30764）的要求生产雄蜂蛹，诱杀蜂螨。蜜源花期前做好病虫害防控。

**6. 越冬准备阶段管理**

抓好秋蜜、秋浆生产，选留优秀蜜粉脾。控制蜂王产卵，适时断子，做好巢脾保存。根据蜂场环境条件抓住有利时机适时断子治螨，预防盗蜂，适时补充优质饲料培育优质健康的适龄越冬蜂。在最后一个蜜源花期前培育新王，更换老劣蜂王。越冬适龄蜂是晚秋羽化出房，经过排泄，尚未参加采集活动的工蜂。最后一个流蜜期的蜜粉脾，留下1~3张空脾供蜂王扩大产卵圈，培育越冬适龄蜂。当外界蜜粉源流蜜吐粉出现蜜粉压子圈，应脱除蜂花粉，以供蜂王扩大产卵圈。在断子期，选择气温10℃以上的无风晴天治螨。不同治螨兽药交替使用，不能过度用药引起中毒。合并弱群，强群越冬。

**7. 越冬阶段管理**

越冬室保持黑暗、安静、洁净、通气，室内温度控制在0℃左右，湿度50%~75%，摆放蜂群应留有通道，便于检查。越冬蜂群的巢门管理应防止鼠害。越冬期蜜蜂完全停止巢外活动，注意蜂群保温。蜂群安全越冬要有一定数量的适龄越冬蜂和贮备充足的优质饲料。室外越冬要对蜂群进行保温包装、调节巢门等；室内越冬要调节好温度，遮光，并注意防鼠害及盗蜂等。越冬场地要清洁卫生、安静、干燥，适时生产冬蜜。

**（三）记录和档案管理**

蜂场应对每群蜂进行编码（图2-25），建立蜜蜂饲养档案以及蜂蜜采收、加工档案。蜜蜂饲养档案包括投入品采购、使用和处理记录、疾病防治记录等。采收档案包括采收日期、蜜源种类、数量、采收人及采收地点等记录。加工档案包括原料名称、投料数量、投料日期、产品批号、产品规格及产量等记录。记录内容应完整、真实、准确，保存期限不少于3年。

图2-25 蜂群编码（摄影：王宗英）

## 三、蜜蜂常见病虫敌害及中毒防治管理

蜜蜂的养殖过程中要采取综合措施培养强势蜂群，提高蜂群自身的抗逆能力，制定书面的培养强势蜂群方案，包括选择抗病品种，预防盗蜂，选择良好的饲养环境，保证蜂群有充足、富含营养的饲料，重视消毒优于用药，保持养蜂场地和养蜂机具清洁卫生等，尽可能不用药或少用药，必要时采用药物治疗蜂群疾病，防止蜂产品污染。蜜蜂病敌害防控根据蜜蜂病敌害特点，应以增强蜜蜂抗病能力和预防为主，一旦蜂群患病，要及早预防治疗，并采用综合防控措施。建立并保存全部用药记录，用药记录内容包括蜂场编号、蜂群编号与蜂群数、蜂病名称、发病时间与症状、治疗用药物名称与有效成分、用药日期、用药方式、用药量、休药期、用药人、技术负责人等。对于已接受药物治疗的蜂群，用药应遵守农业

农村部公告第250号、农业部公告第2292号和《绿色食品　兽药使用准则》（NY/T 472）的要求。

## （一）加强蜂场管理

根据饲养管理及疫病发生情况选用正确的消毒方法，机械性消毒、物理消毒应配合化学消毒使用。选用的消毒剂应符合《绿色食品　兽药使用准则》（NY/T472）的规定，应对人和蜂安全、无残留毒性，对设备无破坏性，不会在蜜蜂产品中产生有害积累。每周清理一次蜂场的死蜂和杂草，清理的死蜂应及时深埋。霉迹用5%的漂白粉乳剂喷洒消毒。

## （二）蜜蜂病虫敌害防治

蜜蜂病虫害的防治工作的基本原则，应以预防为主，因地制宜，合理采取蜂群保健、蜂场消毒、选育抗病蜂种、加强饲养管理、遵守卫生操作规程等各种防治措施，防止蜜蜂病害的发生。选择抗病蜂种，饲养强群，保持蜂群非蜜期自留蜜充足，防盗蜂，提高蜂群自身的抗病能力，保持养蜂场地和机具清洁卫生。所用的药物应符合《绿色食品　兽药使用准则》（NY/T 472）的要求，禁止使用禁限用兽药。

### 1. 中蜂囊状幼虫病（中囊病）

（1）症状：5~6日龄幼虫死亡，约1/3死于封盖前，2/3死于封盖后。死亡幼虫头部上翘，黄白色，无臭味。体表失去光泽，用镊子拉出如同小囊，内含液体，末端积聚有透明的液滴（图2-26）。成蜂表现不安、易离脾、出勤少、易飞逃，多发生在春夏之间。

图2-26　中蜂囊状幼虫病初期
（摄影：吴晓刚）

（2）预防：①抗病选种。即从患有该病的蜂场中选出抗病力较强的蜂群做母群，移虫育王、换王，经过几代选育，可以使群体抗病力增强。②加强饲养管理。做到群势密集，加强保温，使蜂多于脾；断子清巢，减少传染源。③补喂蛋白质和多维素，增强蜜蜂机体体质。④坚持常年饲养强群，以增强抗病力。

（3）治疗：采用无毒中草药防治和生物防治。

### 2. 爬蜂病

（1）症状：主要在春秋季节由多种原因引起，如消化不良、蜂螨、农药中毒、高温卷翅、低温软翅、真菌感染、蜜蜂麻痹等。前期蜂群表现出烦躁不安、下痢、工蜂护脾能力差等异常；中期表现为工蜂呈跳跃式飞行、大量成年工蜂坠落箱底；后期表现为工蜂完全失去飞行能力，在巢门外蠕动爬行，严重时工蜂在蜂箱附近的草丛或坑洼中扎堆死亡（图2-27）。

（2）预防：选择较好蜜源地，注意蜂群密度，饲养强群，定期引种更换劣王，经常给蜂群饲喂0.9%清洁盐水，注意蜂箱器具消毒，远离有毒蜜源植物以及喷施农药的果园和菜地。

图2-27 爬蜂病

### 3. 孢子虫病

（1）症状：孢子虫病是成年蜂消化道传染病。初期症状不明显，后期因寄生的孢子虫破坏了中肠的消化作用，使病蜂失去必需的营养物质，出现衰弱、萎靡不振、翅膀发颤、腹部膨大、飞翔无力等表现。越冬饲料不良易诱发孢子虫滋生，病蜂常从巢脾上掉落下来，产生下痢，病蜂不断从巢门爬出，蜂群群势下降，严重者造成蜂群死亡。

（2）预防：白米醋50毫升（不要使用含盐分高的米醋）配糖浆1千克、柠檬酸2克（越冬饲料不喂柠檬酸，以防结晶）配糖浆1千克、山楂水50毫升配糖浆1千克，任选其中一种，按相应比例结合奖励饲喂蜂群；还可用半枝莲50克、五加皮30克、金银花15克、桂枝9克、甘草6克，加入适量的水煎煮后滤去药渣，滤液按1∶1比例加入白糖，完全溶解后喂蜂，每剂可喂10~15框蜂；此外，也可使用蜂胶溶液。

**4. 欧洲幼虫腐臭病**

（1）症状：主要传染2~4日龄幼虫。发病早期无明显症状，病虫失去光泽和弹性，虫尸由苍白到浅黄而腐烂、酸臭，最后逐渐干枯于巢房底，易挑出。巢脾成花子脾，严重时蜂王停产，工蜂出勤减少以至弃巢逃亡。春秋繁殖期易发生此病。

（2）预防：早春饲养强群，补足饲料，蜂具严格消毒。

（3）治疗：应采用兽药防治和生物防治，产蜜2个月前停止一切用药。

**5. 蜂　螨**

（1）症状：蜂螨为蜜蜂的体外寄生螨，在幼虫房未封盖时进入幼虫房，繁殖于封盖幼虫房，寄生于幼虫、蛹及成蜂体表，吸取血淋巴，造成蜜蜂寿命缩短，采集力下降，影响蜂产品产量。受害严重的蜂群出现幼虫和蛹大量死亡。新羽化出房的幼蜂残缺不全，幼蜂到处乱爬，蜂群群势迅速削弱。

（2）预防：在蜜蜂断子期杀灭蜂螨，人工将子脾用隔离板隔离或使用螨扑等药剂。

**6. 胡　蜂**

（1）种类：品种很多，以金环胡蜂、墨胸胡蜂、墨腹胡蜂、墨尾胡蜂为害严重。

（2）时期：夏秋季为猖獗期，它们盘旋于巢门附近或守在巢门捕捉或咬杀工蜂，甚至攻入巢内迫使蜂群飞逃。

（3）防除：人工捕杀、糖水诱杀。

**7. 蜡螟（巢虫）**

（1）症状：巢虫是蜡螟的幼虫（图2-28），有大小两种，寄生于巢脾为害蜂蛹（图2-29），被侵害的蛹形成"白头"，称作"白头蛹"（图2-30）。被侵害的病群群势日衰，重者蜜蜂逃亡。巢虫主要在夏秋两季发生，易在弱群、脾多蜂少、蜂箱破旧的蜂群内发生。

图2-28 巢虫（摄影：吴晓刚）

图2-29 受巢虫为害的巢脾
（摄影：吴晓刚）

图2-30 巢虫为害造成的白头蛹
（摄影：吴晓刚）

（2）预防：及时修补箱身缝隙，清除箱底蜡渣，保持蜂脾相称，提出的旧脾应杀死巢虫后保存，蜂场上的蜡渣和碎脾应收拾干净。

**（三）花粉花蜜等中毒防治**

主要有毒蜜源植物为雷公藤、博落回、藜芦、紫金藤、苦皮藤、钩吻、乌头等。发现中毒，应及时从蜂箱中取出有毒的蜜粉脾，并予以销毁，饲喂比例为50%的淡糖浆。必要时，根据有毒成分的性质饲喂药物：甘露蜜中毒时用大黄15克、生姜10克、白糖50克、水500毫升煎汁，滤出药液，加蜂蜜250克，连续饲喂蜜蜂3~5天，可起到治疗作用；枣花中毒时可用4%~5%食醋糖浆治疗。

### （四）化学中毒防治

引起蜜蜂中毒的农药和有害物质有拟除虫菊酯类、有机氯类、有机磷类和氨基甲酸酯类农药，工业污染包括工业烟雾、粉尘、废水等。了解蜂场所在地所施农药的种类和施药时间，农药对蜂群毒性大时，应尽早撤离；如毒性较小，则暂闭巢门1~2天，同时打开蜂箱通气窗。发现蜜蜂中毒，应及时从蜂箱中取出污染的蜜粉脾，并予以销毁。有机磷、有机氯农药中毒时，可在20%糖浆中加0.1%食用碱喂蜂；严格执行停药期，投喂或使用蜂药的员工应经过相关培训，并具备用药的相关能力和知识，做好用药记录。

## 四、蜂产品生产加工

### （一）蜂蜜采收管理

蜂蜜的采收应在室内或帐篷内进行，取蜜场所及生产工具应清洁卫生。蜂群取蜜时，应分批取出，不可一次取净，正确处理取蜜与繁殖的关系，给蜜蜂留足饲料，以防止蜜蜂飞逃。

#### 1. 采蜜工具

采蜜工具主要有分蜜机、割蜜刀、滤蜜器、盛蜜容器、蜂扫、起刮刀、喷烟器等。分蜜机有多种，常用两框换面分蜜机。

#### 2. 抖脾脱蜂（图2-31）

把储蜜继箱从蜂群搬下，放在翻过来放置的箱盖上，在蜂群的巢箱上另放上1个空继箱，箱内一般放2~4个空巢脾，然后将储蜜继箱中的蜜脾依次提出，用两手握住框耳，用腕力突然上下抖动，把上面附着的蜜蜂抖落到继箱内的空处，再用蜂扫将少量附蜂扫净，将蜜脾放在巢脾搬运箱内盖好。

图2-31 抖脾脱蜂

### 3. 蜂蜜采收

将取出的蜜脾，封盖放到干燥室内干燥3~5天，待蜜脾中蜂蜜水分含量符合《绿色食品 蜂产品》（NY/T 752）要求再割开蜡盖取成熟蜜（图2-32），取蜜时不要混入花粉和蜜蜂。取出的蜂蜜及时过滤杂质，装入储蜜容器后密封入库保存。贴上标签，记录好采收日期、产品种类、数量、采集人、采蜜工具与盛放器具的清洗和消毒方法、贮存方式等。

图2-32 成熟蜜（供图：腊峰蜂业）

### （二）蜂花粉采收管理

蜂花粉是饲喂蜜蜂的主要食物之一，是由工蜂采集的花粉，用其唾液和花蜜混合后形成的物质。各种粉源植物的花粉量不同，主要粉源植物开花吐粉，工蜂能采集到大量花粉时，才开始生产蜂花粉。蜂花粉脱粉应在每天蜂群采粉高峰时进行。蜂场采粉位置须阳光充足，干燥避风，箱门背朝常年主导风向，远离污染源（农药、粉尘、传染病疫区、废渣、废气等）。采收蜂花粉前，应将蜂箱前壁和巢门板清理干净，并保持蜂箱及周围环境的清洁。成排摆放的蜂群，应当全部同时脱粉，如不同时脱粉，应用隔离物将脱粉群与不脱粉群隔开,以避免脱粉群的蜜蜂偏集到未安装脱粉器的蜂群。各种粉源植物的花药开裂的时间不同,应根据蜂场周围的具体植物种类确定安装脱粉器的时间。流蜜期间蜜蜂采蜜高峰时,不宜安装脱粉器,避免影响蜂蜜生产。

### 1. 采粉工具

采粉器、接粉器、包装材料。

### 2. 采粉群管理

主要粉源植物开花前45天组织采粉群,并有足够空脾利于蜂王产卵;适当控制群势,蜜粉充裕,培育适龄采集蜂。抽出部分蜜粉脾,以刺激蜜蜂采集花粉的积极性。外界缺乏蜜源时,要酌情进行奖励饲喂。适时调整蜂巢,为蜂王产卵创造条件。生产单一品种蜂花粉的放蜂场地周边应都是同一品种的大面积粉源植物。

### 3. 蜂花粉采收

采粉群蜂箱前壁、巢门踏板保持整洁卫生,采粉人员清洗双手。采收蜂花粉时应根据饲养的蜂种选择脱粉器,并保持脱粉器与蜂箱箱体间紧密结合,使所有进出蜂巢的蜜蜂都通过脱粉孔。

接粉器紧挨脱粉器,防止蜂花粉团掉落。及时清理接粉器的器底,铺上布或纸,避免杂物掉进花粉中。防止安装脱粉器引起蜜蜂偏集,生产花粉时,至少同一排的蜂群要同时进行脱粉。在采集过程中,动作要轻,避免蜂花粉团粒破碎。采收后的蜂花粉除冷冻贮存,应及时干燥至含水量10%以下(图2-33)。

图2-33 蜂花粉(供图:腊峰蜂业)

### （三）蜂王浆采收管理

蜂王浆是主要用于饲喂蜂王和蜜蜂幼虫的乳白色、淡黄色或浅橙色浆状物。蜂王浆的采收是利用工蜂哺育蜂王和幼虫的生物学特性，诱导哺育蜂分泌蜂王浆。产品品质应符合《绿色食品 蜂产品》（NY/T 752）的要求。蜂王浆的生产要量蜂定台，在生产蜂王浆前1~2天，用隔王板将蜂群分隔成蜂王产卵繁殖区和无蜂王产浆区。每隔5~7天检查调整一次蜂群，保证繁殖区有蜂王产卵的空间。检查调整时，将繁殖区新的封盖子脾和大幼虫脾调到生产区，将生产区内正在出房子脾和空脾调到繁殖区。采浆时应在清洁干净的房间或帐篷内进行，在采浆前要清理、消毒房间或帐篷。蜂具和设备应是无毒、不污染蜂王浆的符合食品安全和食品卫生的食品级材质。

**1. 采浆器具**

主要有产浆框、台基、台基条、移虫针、采浆器、包装容器、浆箱或冷柜、镊子、刀片、毛巾、浆框盛放箱、巢脾托盘、消毒酒精等。

**2. 产浆蜂群管理**

蜂王浆生产过程中，有计划地培养幼虫脾。用框式隔王板将蜂王控制在三框产卵区内，内有蜜粉脾、空脾、幼虫脾。选择一定量的新分群和繁殖群，在移虫前4~5天加入空脾，用蜂王产卵控制器将蜂王控制在1张空脾上产卵24小时，然后提出卵脾并标注日期插到哺育群孵化，作为备用移虫脾。蜂王浆生产初期，蜂群群势较弱，产浆台数量要适度。高温季节给蜂群遮阴，用湿毛巾或湿覆布盖在纱盖上，并给蜂群喂水。及时检查并清除自然王台。

**3. 蜂王浆采收**

采收前蜂具、人员应清洁消毒。将台基条固定在产浆框上，产浆框提前插入产浆群，让工蜂清理12小时左右。新台基经过工蜂清扫后,应在王台中点少许新鲜蜂王浆。当台基口出现蜡质时,提出产浆框供移虫用。用移虫针把1日龄内的幼虫从巢脾的蜂房中移出,放在台基底部中央,每个台基1条。在第一次移虫时,将移虫后的采浆框插入蜂群,3~5小时后提出,对未接受的台基补移幼虫。移虫后48小时或72小时取浆,将采浆框从蜂群中提出。采浆框台口朝上方抖落框上蜜蜂,然后用蜂刷把框上余下的蜜蜂扫落到原巢箱门口,及时送到取浆室。用锋利的削刀将台基加高的部分割去,也可采用机械割台。割台时,要使台口平整,不要将幼虫割破,用镊子将幼虫取出,虫体受损的要把台内的蜂王浆取出另装。取净王台内的蜂王浆,取出的蜂王浆应立即密封在容器内,并低温保存。

### (四)蜂产品加工

蜜蜂采花蜜后,将其唾腺分泌物装入巢房中,经过15~20天自然酿造脱水,使含水量降至20%以下,并使双糖充分转化为单糖,葡萄糖和果糖的总含量达70%以上,无任何人工添加物质(如淀粉、糖类、代糖类物质),无防腐剂、澄清剂、增稠剂,蜂蜜须为自然成熟。必须对原料蜜的色泽、气味、水分含量、蜜种、淀粉酶值(鲜度指标)、采集时间的长短以及是否有农兽药残留等逐一进行严格检测(图2-34),检验合格的方可用于加工成品。成熟蜜产品要符合《绿色食品 蜂产品》(NY/T 752)和《食品安全国家标准 蜂蜜》(GB 14963)要求。

图2-34 检测

用无毒新塑料桶或内胆有安全涂料保护层的铁桶作盛蜜桶,盛蜜桶经75%乙醇消毒,晾干后再盛蜂蜜。根据不同的蜂蜜原料，选择适合的加工方式（图2-35）。把蜂蜜容器放到室温45℃温室中融蜜3~5天（蜜温不超过38℃），然后分装、贴标签、检验，最后成品入库。水分高的蜂蜜在温度55℃以下、真空度0.09兆帕以上条件下浓缩除水。然后将不同水分

图2-35 生产车间

的蜂蜜按需求混合、均质、过滤、冷却、预包装、检验，最后成品入库。成品应符合《绿色食品 蜂产品》（NY/T 752）要求。

（五）蜂产品包装与储藏运输

1. 包 装

蜂产品应选用符合《绿色食品 包装通用准则》（NY/T 658）要求的玻璃瓶、瓷瓶、环保型塑料瓶（图2-36）或包装袋等作为包装容器，按工艺要求分装、打印生产日期、贴标；包装入箱，封箱带必须整齐统一。包装标签应使用中国绿色食品发展中心许可的绿色产品标志。包装标签组成要素应符合《食品安全国家标准 预包装食品标签通则》（GB 7718）标准要求。

图2-36 罐装（供图：腊峰蜂业）

2. 储 藏

蜂产品的贮存库应阴凉、干燥、通风、无阳光直射，温度不超过20℃，空气相对湿度不超过75%。蜂产品具有吸水性强和吸异味的特性，不得露天堆放，不得与带挥发性气味、有异味、有腐蚀性或不卫生的物品等同库存放，要密封贮存，避免吸水发酵。成品按

先后顺序，分日期、品种、规格放置，放置要离墙离地20厘米。接触蜂蜜的包装容器和材料应符合国家食品安全卫生要求。

### 3. 运　输

运输条件应符合《绿色食品　储藏运输准则》（NY/T 1056）的要求，不得与有异味、有毒、有腐蚀性和可能发生污染的物品同车混运。蜂王浆应在低温状态运输。

## 五、绿色食品蜂产品品质和质量安全

《绿色食品　蜂产品》（NY/T 752—2020）既是评价蜂产品具有绿色食品营养、安全、优质特征的重要依据，也是蜜蜂养殖户、蜂产品加工主体追求绿色食品品质和实施质量安全管控的重要指导。绿色食品蜂产品主要包括蜂蜜、蜂王浆（包括冻干粉）、蜂花粉等产品，只有充分了解绿色食品蜂产品的理化指标、农药和兽药残留限量以及微生物指标等要求，才能在养殖和加工环节实施有效的质量管控。

### （一）绿色食品蜂产品理化指标要求

现行《绿色食品　蜂产品》（NY/T 752—2020）根据蜂蜜、蜂王浆及其冻干粉、蜂花粉产品特征分别规定了理化指标。其中，蜂蜜产品规定了水分、果糖与葡萄糖、蔗糖、酸度、羟甲基糠醛、淀粉酶活性、碳-4植物糖7项指标；蜂王浆及其冻干粉产品规定了水分、10-羟基-2-癸烯酸、蛋白质、总糖、灰分、酸度和淀粉7项指标；蜂花粉产品规定了水分、蛋白质、灰分、单一品种蜂花粉率、碎花粉率、总糖、黄酮类化合物和酸度8项指标。具体要求详见表2-6至表2-8。本部分内容将对其中几项重要理化指标的管控进行重点分析。

表2-6 绿色食品蜂蜜理化指标

| 项目 | | 指标 |
|---|---|---|
| 水分（克/100克） | 荔枝蜂蜜、龙眼蜂蜜、柑橘蜂蜜、鹅掌柴蜂蜜、乌桕蜂蜜 | ≤23 |
| | 其他蜂蜜 | ≤20 |
| 果糖和葡萄糖（克/100克） | | ≥60 |
| 蔗糖（克/100克） | 桉树蜂蜜、柑橘蜂蜜、枇杷蜂蜜、野桂花蜂蜜和紫花苜蓿蜂蜜 | ≤10 |
| | 其他蜂蜜 | ≤5 |
| 酸度（1摩尔/升氢氧化钠，毫升/千克） | | ≤40 |
| 羟甲基糠醛（毫克/千克） | | ≤40 |
| 淀粉酶活性［毫升/（克·小时）］ | 荔枝蜂蜜、龙眼蜂蜜、柑橘蜂蜜、鹅掌柴蜂蜜 | ≥2 |
| 其他蜂蜜 | | ≥8 |
| 碳-4植物（克/100克） | | ≤7 |

表2-7 绿色食品蜂王浆及其冻干粉理化指标

| 项目 | 指标 | |
|---|---|---|
| | 蜂王浆 | 蜂王浆冻干粉 |
| 水分（克/100克） | ≤67.5 | ≤3.0 |
| 10-羟基-2-癸烯酸（克/100克） | ≥1.6 | ≥4.6 |
| 蛋白质（克/100克） | 11～16 | ≥33 |
| 总糖（以葡萄糖计，克/100克） | ≤15 | ≤45 |
| 灰分（克/100克） | ≤1.5 | ≤4.0 |
| 酸度（毫升/100克） | 30～53 | 90～159 |
| 淀粉 | 不得检出 | 不得检出 |

表2-8 绿色食品蜂花粉理化指标

| 项　目 | 指　标 |
|---|---|
| 水分（克/100克） | ≤6 |
| 蛋白质（克/100克） | ≥15 |
| 灰分（克/100克） | ≤5 |
| 单一品种蜂花粉率（%） | ≥90 |
| 碎花粉率（%） | ≤3 |
| 总糖（以还原糖计，克/100克） | 15～50 |
| 黄酮类化合物（以无水芦丁计，毫克/100克） | ≥400 |
| 酸度（以pH值表示） | ≥4.4 |

注：如果是碎蜂花粉，则碎花粉率不作要求。

## 1. 蜂蜜产品中的水分指标

蜂蜜是蜜蜂采集植物的花蜜、分泌物或蜜露，与自身分泌物结合后，在巢脾内转化、脱水、储存至成熟的天然甜味物质。花蜜天然含有水分，蜜蜂在酿造过程中通过不断地扇动翅膀，蒸发掉花蜜中过多的水分，以使蜂蜜能够长时间保存。蜂蜜中水分含量高低是确定蜂蜜成熟度的重要标志，一般蜂蜜水分含量为17%～25%，含水量过高容易导致蜂蜜发酵变质。蜂蜜中水分含量对其耐贮性、洁净度和黏稠度影响很大，低水分的蜂蜜可以长期贮存而不变质。绿色食品蜂蜜的水分指标采用欧盟和国际食品法典委员会（CAC）同等标准，达到国内相关蜂蜜产品行业标准一级品指标。

蜂蜜中水分含量受多种因素影响，包括蜜源植物、气候条件和生产技术等。例如，我国南方早春，当荔枝、龙眼开花季节，正逢阴雨季节，即使取得的是封盖蜜，水分含量也偏高。相反，在北方干旱季节生产的蜂蜜水分含量就偏低。生产技术对水分含量的影响更大，有些蜂农为了获得高产，蜂箱内蜂蜜的水分还没有达到适宜含量，就急于取蜜，致使蜂蜜的水分偏高。少数加工主体通过加热脱水方式降低水分含量，但蜂蜜中的营养成分被严重破坏。绿色食品崇尚绿色生态发展理念，绿色食品蜂蜜产品的申报主体应严格落实标准要求，合理确定放蜂地点、季节、取蜜时间、加工方式和储藏方式，确保水分指标符合绿色食品标准要求。

### 2. 蜂蜜产品中的碳-4植物糖指标

碳-4植物糖是目前国内外通用的能有效检测判定蜂蜜是否掺假的指标。市场上蜂蜜产品掺假一般掺入果葡糖浆和白砂糖，二者分别来源于玉米和甘蔗，这两种植物恰恰是碳-4植物，而蜜源植物多为碳-3植物，因此，含有过量碳-4植物糖，就说明这种"蜂蜜"存在其他添加的成分，并非天然蜂蜜。绿色食品标准严控碳-4植物糖检测，等同采用CAC标准和食品安全国家标准，指标设定为不得大于7%。中华全国供销合作总社标准《蜂蜜》（GH/T 18796—2012）对蜂蜜产品提出了真实性要求，即蜂蜜中不得添加任何当前明确或不明确的添加物，如果在蜂蜜中添加其他物质，不应以"蜂蜜"或"蜜"作为产品名称或名称主词。碳-4植物糖在行业中虽然作为推荐性指标，但在绿色食品蜂蜜产品中被作为必检项目，是所有申请使用绿色食品标志的蜂蜜产品必须达到的基本要求。

### 3. 蜂王浆中的10-羟基-2-癸烯酸指标

蜂王浆中的10-羟基-2-癸烯酸又称为王浆酸，是蜂王浆中独有的一种有机酸，具有抗菌、抗病毒和消炎等多种功效，国际上通行将王浆酸含量作为评价蜂王浆品质的重要标准之一。《蜂王浆》（GB 9697—2008）规定，蜂王浆合格品中王浆酸含量要达到1.4%；绿色食品蜂王浆标准要求王浆酸含量须达到1.6%，并对其真实性作出要求，不得添加或取出任何成分。因为天然提取的王浆酸价格昂贵，与人工合成王浆酸价格悬殊，市场上就会有人从蜂王浆中将王浆酸提取出来，剩下的蜂王浆几乎不含王浆酸（俗称"过滤货"），这部分产品会直接低价销售或再添加合成的王浆酸出售。绿色食品蜂王浆产品应严格执行国家标准和绿色食品标准，自觉抵制造假掺假行为。

**（二）绿色食品蜂产品中的农药残留和兽药残留限量**

**1. 绿色食品养蜂过程中兽药的选择依据**

《绿色食品 兽药使用准则》（NY/T 472—2022）是绿色食品畜禽养殖过程中的规范使用兽药的重要依据，蜜蜂养殖应参照执行。该标准规定了兽药使用的基本前提，一是坚持动物福利原则，即要在饲养中提供良好饲养环境，加强饲养管理，供给饲养对象充足营养，以增强饲养对象自身的免疫力和抗病力；二是优先使用原则，即优先使用《有机产品 生产、加工、标识与管理体系要求》（GB/T 19630）和《食品安全国家标准 食品中兽药最大残留限量》（GB 31650）中允许用于食品动物但不需要制定残留限量的兽药，以及《中华人民共和国兽药典》和农业农村部第2513号公告中无休药期要求的兽药，优先使用国务院兽医行政管理部门批准的微生态制品、中药制剂和生物制品，以及高效、低毒、对环境污染低的消毒剂；三是养殖过程中应不用或少用药物，确需使用兽药，应使用国家批准允许使用的药品并有批准文号，同时要严格执行国家批准允许的使用量、用药时间和休药期要求。

目前在食品动物中我国明令禁用的药物主要依据是《食品动物中禁止使用的药品及其他化合物清单》（农业农村部公告第250号公告）（表2-9），其中包括21类禁用兽药。同时，2015年，农业农村部第2292号公告发布，自2016年12月31日起，停止经营、使用用于食品动物的洛美沙星、培氟沙星、氧氟沙星、诺氟沙星4种原料药的各种盐、酯及其各种制剂。

表2-9 食品动物中禁止使用的药品及其他化合物清单

| 序号 | 药品及其化合物名称 |
|---|---|
| 1 | 酒石酸锑钾（Antimony potassium tartrate） |
| 2 | β-兴奋剂（β-agonists）类及其盐、酯 |
| 3 | 汞制剂：氯化亚汞（甘汞）（Calomel）、醋酸汞（Mercurous acetate）、硝酸亚汞（Mercurous nitrate）、吡啶基醋酸汞（Pyridyl mercurous acetate） |
| 4 | 毒杀芬（氯化烯，Camahechlor） |
| 5 | 卡巴氧（Carbadox）及其盐、酯 |
| 6 | 呋喃丹（克百威，Carbofuran） |
| 7 | 氯霉素（Chloramphenicol）及其盐、酯 |
| 8 | 杀虫脒（克死螨，Chlordimeform） |
| 9 | 氨苯砜（Dapsone） |
| 10 | 硝基呋喃类：呋喃西林（Furacilinum）、呋喃妥因（Furadantin）、呋喃它酮（Furaltadone）、呋喃唑酮（Furazolidone）、呋喃苯烯酸钠（Nifurstyrenate sodium） |
| 11 | 林丹（Lindane） |
| 12 | 孔雀石绿（Malachite green） |
| 13 | 类固醇激素：醋酸美仑孕酮（Melengestrol acetate）、甲睾酮（Methyl-testosterone）、群勃龙（去甲雄三烯醇酮，Trenbolone）、玉米赤霉醇（Zeranal） |
| 14 | 甲喹酮（Methaqualone） |
| 15 | 硝呋烯腙（Nitrovin） |
| 16 | 五氯酚酸钠（Pentachlorophenol sodium） |
| 17 | 硝基咪唑类：洛硝达唑（Ronidazole）、替硝唑（Tinidazole） |
| 18 | 硝基酚钠（Sodium nitrophenolate） |
| 19 | 己二烯雌酚（Dienoestrol）、己烯雌酚（Diethylstilbestrol）、己烷雌酚（Hexoestrol）及其盐、酯 |
| 20 | 锥虫砷胺（Tryparsamile） |
| 21 | 万古霉素（Vancomycin）及其盐、酯 |

《绿色食品 兽药使用准则》（NY/T 47—2022）在农业农村部公告基础上，结合CAC、欧盟、美国和日本等相关标准，规定了绿色食品生产中禁止使用50类159种兽药（表2-10）。例如，双甲脒根据国家规定仅在水生动物中禁用，但在绿色食品标准中为禁用药物，因此，双甲脒在绿色食品蜂产品生产过程中不能作为蜜蜂抗螨用药。

表2-10　生产绿色食品不应使用的兽药

| 序号 | 种类 | | 药物名称 | 用途 |
|---|---|---|---|---|
| 1 | β-受体激动剂类 | | 所有β-受体激动剂（β-agonists）类及其盐、酯及制剂 | 所有用途 |
| 2 | 激素类药物 | 性激素类 | 己烯雌酚（Diethylstilbestrol）、己二烯雌酚（Dienoestrol）、己烷雌酚（Hexestrol）、雌二醇（Estradiol）、戊酸雌二醇（Estradiol valcrate）、苯甲酸雌二醇（Estradiol benzoate）及其盐、酯及制剂 | 所有用途 |
| | | 同化激素类 | 甲睾酮（Methytestosterone）、丙酸睾酮（Testosterone propinate）、群勃龙（去甲雄三烯醇酮，Trenbolone）、苯丙酸诺龙（Nandrolone phenylpropionate）及其盐、酯及制剂 | 所有用途 |
| | | 具雌激素样作用的物质 | 醋酸甲羟孕酮（Mengestrolacetate）、醋酸美仑孕酮（Melengestrol acetate）、玉米赤霉醇类（Zeranol）、醋酸氯地孕酮（Chlormadinone acetate） | 所有用途 |
| 3 | 催眠、镇静类药物 | | 甲喹酮（Methaqualone） | 所有用途 |
| | | | 氯丙嗪（Chlorpromazine）、地西泮（安定，Diazepam）、苯巴比妥（Phenobarbital）、盐酸可乐定（Clonidine hydrochloride）、盐酸赛庚啶（Cyproheptadine hydrochloride）、盐酸异丙嗪（Promethazine hydrochloride） | 所有用途 |

| 序号 | 种类 | 药物名称 | 用途 |
|---|---|---|---|
| 4 | 砜类抑菌剂 | 氨苯砜（Dapsone） | 所有用途 |
| | 酰胺醇类 | 氯霉素（Chloramphenicol）及其盐、酯 | 所有用途 |
| | 硝基呋喃类 | 呋喃唑酮（Furazolidone）、呋喃西林（Furacillin）、呋喃妥因（Nitrofurantoin）、呋喃它酮（Furaltadone）、呋喃苯烯酸钠（Nifurstyrenate sodium） | 所有用途 |
| | 硝基化合物 | 硝基酚钠（Sodium nitrophenolate）、硝呋烯腙（Nitrovin） | 所有用途 |
| | 磺胺类及其增效剂 | 所有磺胺类（Sulfonamides）及其增效剂（Temper）的盐及制剂 | 所有用途 |
| | 抗菌类药物 喹诺酮类 | 诺氟沙星（Norfloxacin）、氧氟沙星（Ofloxacin）、培氟沙星（Pefloxacin）、洛美沙星（Lomefloxacin） | 所有用途 |
| | | 恩诺沙星（Enrofloxacin） | 乌鸡养殖 |
| | 大环内酯类 | 阿奇霉素（Azithromycin） | 所有用途 |
| | 糖肽类 | 万古霉素（Vancomycin）及其盐、酯 | 所有用途 |
| | 喹噁啉类 | 卡巴氧（Carbadox）、喹乙醇（Olaquindox）、喹烯酮（Quinocetone）、乙酰甲喹（Mequindox）及其盐、酯及制剂 | 所有用途 |
| | 多肽类 | 硫酸黏菌素（Colistin sulfate） | 促生长 |

（续表）

| 序号 | 种类 | | 药物名称 | 用途 |
|---|---|---|---|---|
| 4 | 抗菌类药物 | 有机砷制剂 | 洛克沙胂（Roxarsone）、氨苯胂酸（阿散酸，Arsanilic acid） | 所有用途 |
| | | 抗生素滤渣 | 抗生素滤渣（Antibiotic filter residue） | 所有用途 |
| 5 | 抗寄生虫类药物 | 苯并咪唑类 | 阿苯达唑（Albendazole）、氟苯达唑（Flubendazole）、噻苯达唑（Thiabendazole）、甲苯咪唑（Mebendazole）、奥苯达唑（Oxibendazole）、三氯苯达唑（Triclabendazole）、非班太尔（Fenbantel）、芬苯达唑（Fenbendazole）、奥芬达唑（Oxfendazole）及制剂 | 所有用途 |
| | | 抗球虫类 | 氯羟吡啶（Clopidol）、氨丙啉（Amprolini）、氯苯胍（Robenidine）、盐霉素（Salinomycin）及其盐和制剂 | 所有用途 |
| | | 硝基咪唑类 | 甲硝唑（Metronidazole）、地美硝唑（Dimetronidazole）、替硝唑（Tinidazole）、洛硝达唑（Ronidazole）及其盐、酯及制剂 | 所有用途 |
| | | 氨基甲酸酯类 | 甲萘威（Carbaryl）、呋喃丹（克百威，Carbofuran）及制剂 | 杀虫剂 |
| | | 有机氯杀虫剂 | 六六六（BHC，Benzene hexachloride）、滴滴涕（DDT，Dichloro-diphenyl-tricgloroethane）、林丹（Lindane）、毒杀芬（氯化烯，Camahechlor）及制剂 | 杀虫剂 |
| | | 有机磷杀虫剂 | 敌百虫（Trichlorfon）、敌敌畏（DDV，Dichlorvos）、皮蝇磷（Fenchlorphos）、氧硫磷（Oxinothiophos）、二嗪农（DDiazinon）、倍硫磷（Fenthion）、毒死蜱（Chlorpyrifos）、蝇毒磷（Coumaphos）、马拉硫磷（Malathion）及制剂 | 杀虫剂 |

（续表）

| 序号 | 种类 | | 药物名称 | 用途 |
|---|---|---|---|---|
| 5 | 抗寄生虫类药物 | 汞制剂 | 氯化亚汞（甘汞，Calomel）、硝酸亚汞（Mercurous nitrate）、醋酸汞（Mercurous acetate）、吡啶基醋酸汞（Pyridyl mercurous acetate）及制剂 | 杀虫剂 |
| | | 其他杀虫剂 | 杀虫脒（克死螨，Chlordimeform）、双甲脒（Amitraz）、酒石酸锑钾（Antimony potassium tartrate）、锥虫胂胺（Tryparsamide）、孔雀石绿（Malachite green）、五氯酚酸钠（Pentachlorophenol sodium）、潮霉素B（Hygromycin B）、非泼罗尼（氟虫腈，Fipronil） | 杀虫剂 |
| 6 | 抗病毒类药物 | | 金刚烷胺（Amantadine）、金刚乙胺（Rimantadine）、阿昔洛韦（Aciclovir）、吗啉（双）胍（病毒灵，Moroxydine）、利巴韦林（Ribavirin）等及其盐、酯及单复方制剂 | 抗病毒 |

**2. 绿色食品蜂产品的农药和兽药残留限量要求**

蜂产品作为一类深受人们喜爱的天然食品，其质量安全备受关注，国家市场行政管理部门和农业农村部高度重视，将蜂产品中农药和兽药残留监督管控与畜禽产品放在同等重要地位，纳入国家日常监督抽检范围。

蜂产品中农药残留发生的主要原因一般有以下3种情况：一是蜜源植物喷施农药后残留在花部组织中，蜜蜂通过采集活动将有农药残留的花蜜带回蜂巢，进而带入蜂产品中；二是外界土壤、大气、水质等环境中存在残留的农药污染，对蜜蜂生活环境造成影响；三是蜜蜂养殖和加工环境使用农药所引入的药物残留污染，例如，杀螨剂的使用，蜂箱消毒杀菌处理用药等。

蜂产品中兽药残留产生的根源主要是用药不科学，表现为盲目用药、过度用药和过量用药，例如，将抗生素作为日常预防用药添加至补饲或奖励饲喂的饲料中，在蜂产品生产期间使用药物不遵守安全间隔期规定。根据蜂产品质量安全风险评估、专项检测以及有关农药与兽药残留监测数据，蜂蜜中硝基呋喃类、硝基咪唑类、喹诺酮类、氯霉素和四环素都有不同程度检出，基于上述监测数据，同时，借鉴国际相关标准，《绿色食品 蜂产品》（NY/T 75—2020）制定了蜂蜜和蜂王浆产品中农药残留、兽药残留限量标准，如表2-11和表2-12所示。对双甲脒、硝基呋喃类、氯霉素、硝基咪唑类、磺胺类、氟喹诺酮类等禁用兽药的残留量一律设定为不得检出，对氟胺氰菊酯、氟氯苯氰菊酯等国家规定不需要制定限量的兽药也设定了限量要求，进一步严控绿色食品产品质量。

表2-11 蜂蜜中农药和兽药残留限量　　　　单位：微克/千克

| 项目 | 指标 |
| --- | --- |
| 氟胺氰菊酯（Fluvalinate） | ≤50 |
| 氟氯苯氰菊酯（Flumethrin） | ≤5 |
| 溴螨酯（Bromopropylate） | ≤100 |
| 双甲脒（Amitraz） | 不得检出[a] |
| 硝基呋喃类（Nitrofurans）[以3-氨基-2-噁唑烷基酮（AOZ）、5-吗啉甲基-3-氨基-2-噁唑烷基酮（AMOZ）、1-氨基-2-内酰脲（AHD）或氨基脲（SEM）计] | 不得检出[b] |
| 氯霉素（Chloramphenicol） | 不得检出（<0.3） |
| 硝基咪唑类（Nitroimidazoles） | 不得检出[c] |
| 磺胺类（Sulfonamides） | 不得检出[d] |
| 土霉素/金霉素/四环素（Oxytetracycline/Chlortetracycline/Tetracycline）总量 | ≤300 |
| 链霉素（Streptomycin） | ≤20 |

(续表)

| 项目 | 指标 |
|---|---|
| 氟喹诺酮类（fluoroquinolones） | 不得检出[e] |

a. 双甲脒检出限为 10 微克/千克，双甲脒代谢物（2,4-二甲基苯胺）检出限为 20 微克/千克。

b. 3-氨基-2-噁唑烷基酮（AOZ）、5-吗啉甲基-3-氨基-2-噁唑烷基酮（AMOZ）、1-氨基-2-内酰脲（AHD）和氨基脲（SEM）的检出限分别为 0.2 微克/千克、0.2 微克/千克、0.5 微克/千克、0.5 微克/千克。

c. 甲硝唑（MNZ）、二甲硝咪唑（DMZ）、洛硝哒唑（RNZ）、异丙硝唑（IPZ）的检出限均为 1.0 微克/千克；2-羟甲基-1-甲基-5-硝基咪唑（HMMNI）、2-（2-羟异丙基）-1-甲基-5-硝基咪唑（IPZOH）、1-(2-羟乙基)-2-羟基-5-硝基咪唑（MNZOH）的检出限均为 2.0 微克/千克。

d. 磺胺甲噻二唑的检出限为 1.0 微克/千克；磺胺醋酰、磺胺嘧啶、磺胺吡啶、磺胺二甲异噁唑、磺胺甲基嘧啶、磺胺氯哒嗪、磺胺-6-甲氧嘧啶、磺胺邻二甲氧嘧啶、磺胺甲基异噁唑的检出限均为 2.0 微克/千克；磺胺噻唑、磺胺甲氧哒嗪、磺胺间二甲氧嘧啶的检出限均为 4.0 微克/千克；磺胺甲氧嘧啶、磺胺二甲嘧啶的检出限均为 8.0 微克/千克；磺胺苯吡唑的检出限均为 12.0 微克/千克。

e. 氟喹诺酮类药物的检出限为 2 微克/千克。

表 2-12 蜂王浆及蜂王浆冻干粉中农药和兽药残留限量 单位：微克/千克

| 项目 | 指标 |
|---|---|
| 氟胺氰菊酯（Fluvalinate） | ≤20 |
| 硝基呋喃类（Nitrofurans）［以3-氨基-2-噁唑烷基酮（AOZ）、5-甲基吗啉-3-氨基-2-噁唑烷基酮（AMOZ）、1-氨基-2-内酰脲（AHD）或氨基脲（SEM）计］ | 不得检出（<0.5） |
| 氯霉素（Chloramphenicol） | 不得检出（<0.3） |
| 土霉素/金霉素/四环（Oxytetracycline/Chlortetracycline/Tetracycline）总量 | ≤300 |
| 链霉素（Streptomycin） | ≤20 |
| 磺胺类（Sulfonamides） | 不得检出（<5.0） |
| 硝基咪唑类（Nitroimidazoles） | 不得检出[a] |
| 氟喹诺酮类（Fluoroquinolones） | 不得检出（<2.5） |

a. 蜂王浆检测限 0.5 微克/千克，蜂王浆冻干粉 1.0 微克/千克。

## 3. 绿色食品蜂产品的农药残留和兽药残留管控措施

为提供安全优质绿色蜂产品，对农药残留和兽药残留实施严格管控是重要前提，绿色食品生产企业应着力从以下3个方面入手：一是牢固树立自然生态、健康养殖生产理念，构建适合蜜蜂生活生产的良好环境，强化日常饲养管理，提高蜜蜂自身抗病能力，尽量少用或不用药物；二是选择建立长期稳定的蜜源基地，野生蜜源基地要防范自然环境中土壤、空气和水源污染因素，对于农作物种植蜜源基地，养殖主体要与其建立更加紧密的长期联结，约定按照绿色食品农药使用准则要求，限定农作物农药使用品种范围、时间以及间隔期等，在作物开花期尽量不用药物；三是在养殖过程中必须用药防治病敌害时，要严格按照国家规定科学选用药物，对症施药，选用的药物应为国家批准允许用药并有批准文号，同时要严格执行国家批准用药的使用量、用药时间和休药期要求。国家兽药批准信息可登录"国家兽药基础数据库"查询。如用于防治蜂螨的氟胺氰菊酯，经查询目前取得兽药批准文号且在有效期内的药品信息有13条（图2-37），养殖户如使用氟胺氰菊酯必须选用上述经国家批准的药品，且用法用量要严格按照兽药使用说明操作。

图2-37 国家兽药基础数据库查询页面

# 第三章
# 绿色食品蜂产品申报要求

## 一、绿色食品申报条件

### (一)申请人条件

**1. 基本条件**

(1)能够独立承担民事责任。如企业法人、农民专业合作社、个人独资企业、合伙企业、家庭农场等,以及国有农场、国有林场和兵团团场等生产单位。

(2)具有稳定的生产基地或稳定的原料来源。

(3)具有一定的生产规模。

(4)具有绿色食品生产的环境条件和生产技术。

(5)具有完善的质量管理体系,并至少稳定运行1年。

(6)具有与生产规模相适应的生产技术人员和质量控制人员。

(7)具有绿色食品企业内部检查员(以下简称绿色食品内检员或内检员)。

(8)申请前3年内无质量安全事故和不良诚信记录。

(9)与绿色食品工作机构或绿色食品定点检测机构不存在利益关系。

(10)在国家农产品质量安全追溯管理信息平台完成注册。

(11)具有符合国家规定的各类资质要求。

**2. 总公司及其子公司、分公司申报条件**

（1）总公司或子公司可独立作为申请人单独提出申请。

（2）"总公司+分公司"可作为申请人，分公司不可独立申请。

（3）总公司可作为统一申请人，子公司或分公司作为其加工场所。

**（二）申请产品条件**

申请产品应满足以下基本条件。

（1）应符合《中华人民共和国食品安全法》和《中华人民共和国农产品质量安全法》等法律法规规定，在国家知识产权局商标局核定的绿色食品标志使用商品类别涵盖范围内。

（2）应为现行《绿色食品产品标准适用目录》内的产品，如产品本身或产品配料成分属于新食品原料、按照传统既是食品又是中药材的物质、"可用于保健食品的物品名单"中的产品，须同时符合国家相关规定。

（3）预包装产品应使用注册商标（含授权使用商标）。

（4）产品或产品原料产地环境应符合绿色食品产地环境质量标准。

（5）产品质量应符合绿色食品产品质量标准。

（6）生产中投入品（如兽药、饲料等）使用应符合绿色食品投入品使用准则。

（7）包装储运应符合绿色食品包装储运标准。

**（三）委托生产申请条件**

委托生产指申请人不能独立完成申请产品种植、养殖、加工（包括农产品初加工、深加工、分包装）全部环节的生产，而需要把部分环节委托他人完成的生产方式，具体要求见图3-1。

# 第三章
## 绿色食品蜂产品申报要求

我是一家蜂蜜加工、销售公司,有自己的加工厂,蜜蜂是委托一家蜜蜂养殖专业合作社饲养,申报时有什么要求?

实行委托养殖的加工业申请人应与合作社所有人签订有效期3年(含)以上的绿色食品委托养殖合同(协议),合作社应为地市级(含)以上合作社示范社。

鼓励具备蜜蜂养殖、蜂产品加工的全产业链生产企业申报绿色食品。

我是一家蜜蜂养殖专业合作社,为追赶花期,多次转场放蜂,申报时有什么特殊要求?

涉及转场饲养的,应明确具体转场时间、方法,饲养方式及管理措施不应有风险隐患。

图3-1 绿色食品委托生产申报要求

### (四)相关绿色食品标准

申报绿色食品必须学习绿色食品标准。已出版的绿色食品标准汇编图书见图3-2。与绿色食品蜂产品相关的主要标准如下。

《绿色食品　产地环境质量》（NY/T 391—2021）
《绿色食品　饲料及饲料添加剂使用准则》（NY/T 471—2023）
《绿色食品　兽药使用准则》（NY/T 472—2022）
《绿色食品　畜禽卫生防疫准则》（NY/T 473—2016）
《绿色食品　食品添加剂使用准则》（NY/T 392—2023）
《绿色食品　包装通用准则》（NY/T 658—2015）
《绿色食品　储藏运输准则》（NY/T 1056—2021）
《绿色食品　蜂产品》（NY/T 752—2020）

图 3-2　绿色食品标准汇编图书

## 二、绿色食品申报流程

### （一）申请前准备

为不断提高绿色食品企业内部质量管理能力和标准化生产水平，保障绿色食品产品质量和品牌信誉，中国绿色食品发展中心已将绿色食品内检员作为绿色食品标志许可的前置申报基本条件。申请人须安排负责绿色食品生产和质量安全管理的专业技术人员或管理人员登录绿色食品内检员培训管理系统（http://px.greenfood.org/

login）参加绿色食品相关培训，并获得内检员注册资格。

**1. 内检员资格条件**

（1）遵纪守法，坚持原则，爱岗敬业。

（2）具有大专以上相关专业学历，或者具有2年以上农产品或食品生产、加工、经营经验，熟悉本企业的管理制度。

（3）热爱绿色食品事业，熟悉农产品质量安全有关的国家法律、法规、政策、标准及行业规范；熟悉绿色食品质量管理和标志管理的相关规定。

（4）应完成绿色食品相关培训，并经考试合格。

**2. 内检员职责要求**

（1）宣传、贯彻绿色食品标准。

（2）按照绿色食品标准和管理要求，落实绿色食品标准化生产，参与制定本企业绿色食品质量管理体系、生产技术规程，协调、指导、检查和监督企业内部绿色食品原料采购、基地建设、投入品使用、产品检验、标志使用、广告宣传等工作。

（3）指导企业建立绿色食品生产、加工、运输和销售记录档案，配合各级绿色食品工作机构开展绿色食品现场检查和监督管理工作。

（4）负责企业绿色食品相关数据及信息的汇总、统计、编制，以及与各级绿色食品工作机构的沟通工作。

（5）承担本企业绿色食品证书和《绿色食品标志商标使用许可合同》的管理，以及申报和续展工作。

（6）组织开展绿色食品质量安全内部检查及改进工作；开展对企业内部员工有关绿色食品知识的培训。

**3. 内检员培训要求**

（1）绿色食品内检员培训采取课堂培训与网上培训相结合的培训制度。

（2）首次注册的内检员必须参加课堂培训。注册的内检员每年须完成网上培训内容，并考试合格。

（3）经过培训并考试合格的内检员由中国绿色食品发展中心统一注册并颁发绿色食品企业内部检查员证书。

## （二）基本环节

申请使用绿色食品标志通常需要经过8个环节：① 申请人提出申请。② 绿色食品工作机构受理审查。③ 检查员现场检查。④ 产地环境和产品检测。⑤ 省级工作机构初审。⑥ 中国绿色食品发展中心综合审查。⑦ 绿色食品专家评审。⑧ 颁证决定（图3-3）。

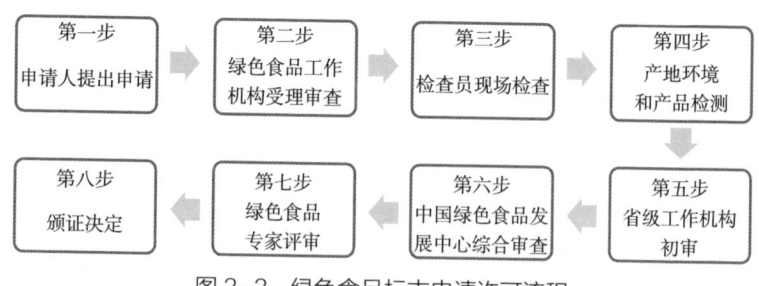

图3-3　绿色食品标志申请许可流程

## （三）流程详解

### 1. 第一步：申请人提出申请

（1）工作时限：申请人至少在产品收获前3个月，向所在地绿色食品工作机构提出申请。

（2）申请方式：① 登录中国绿色食品发展中心网站（http://www.greenfood.org.cn/），下载《绿色食品标志使用申请书》及相关调查表（图3-4）。② 向省级工作机构提交申请。绿色食品省级工作机构和定点检测机构的联系方式，可登录中国绿色食品发展中心网站查询。

# 第三章

## 绿色食品蜂产品申报要求

图 3-4　绿色食品标志申请表格下载页面

### 2. 第二步：绿色食品工作机构受理审查

（1）工作时限：绿色食品工作机构自收到申请材料之日起10个工作日内完成材料受理审查。

（2）审查结果通知方式：绿色食品省级工作机构会重点审查申请人和申报产品的条件以及申请材料的完备性，向申请人发出《绿色食品申请受理通知书》，可能会有以下3种情况。① 如材料审查合格，可以进入下一步程序，《绿色食品申请受理通知书》将告知申请人"材料审查合格，现正式受理你单位提交的申请。我单位将根据生产季节安排现场检查，具体检查时间和检查内容见《绿色食品现场检查通知书》"。② 如申请材料不完备，仍需要尽快补充，《绿色食品申请受理通知书》将告知申请人"申请材料不完备，请你单位在收到本通知书__个工作日内，补充以下材料：……材料补充完备后，我单位将正式受理你单位提交的申请"。③ 如材料审查不合格，《绿色食品申请受理通知书》将告知申请人"材料审查不合格，本生产周期内不再受理你单位提交的申请"。

### 3. 第三步：检查员现场检查

（1）工作时限与执行方式：在材料审查合格后45个工作日内，绿色食品省级工作机构会组织至少2名检查员对申请人产地进行现场检查。

（2）检查时间：申报产品生产期内。

（3）检查环节：首次会议、实地检查、查阅文件记录、随机访问、总结会（末次会议）。

（4）企业人员：现场检查时相关企业人员须在场，包括申报单位主要负责人、生产负责人、技术人员和内检员。

（5）检查结果：形成《绿色食品现场检查报告》；绿色食品省级工作机构向申请人发出《现场检查意见通知书》。可能会有以下两种情况。① 如现场检查合格，可以进入下一步环节，《现场检查意见通知书》将告知申请人"现场检查合格，请持本通知书委托绿色食品环境与产品检测机构实施检测工作"，同时，将告知申请人需要进行环境检测的检测项目，以及产品检测的检测标准。② 如现场检查不合格，《现场检查意见通知书》将告知申请人"现场检查不合格，本生产周期内不再受理你单位的申请"。

### 4. 第四步：产地环境和产品检测

（1）检测依据：申请人按照《绿色食品现场检查意见通知书》要求，委托检测机构对产地环境、产品进行检测和评价。

（2）检测时限：环境检测自抽样之日起30个工作日内完成；产品检测自抽样之日起20个工作日内完成。

（3）检测单位：中国绿色食品发展中心指定的检测机构。全国共有91家（2023年）绿色食品检测机构。

（4）检测结果报送绿色食品省级工作机构和申请人。

（5）检测要求：检测报告符合绿色食品标准要求。

### 5. 第五步：省级工作机构初审

（1）工作依据与工作时限：绿色食品省级工作机构自收到《绿色食品现场检查报告》《环境质量监测报告》和《产品检验报告》之日起20个工作日内完成初审。

（2）初审内容要求：申报材料完备可信、现场检查报告真实规范、环境和产品检验报告合格有效。

（3）初审合格报送中国绿色食品发展中心，同时完成网上报送。

### 6. 第六步：中国绿色食品发展中心综合审查

（1）工作时限：中国绿色食品发展中心自收到省级工作机构报送的申请材料之日起30个工作日内完成综合审查。

（2）审查结果：提出审查意见，并通过省级工作机构向申请人发出《绿色食品审查意见通知书》，审查结果可能有4种情况。① 需要补充材料的，申请人应在《绿色食品审查意见通知书》规定时限内补充相关材料，逾期视为自动放弃申请。② 需要现场核查的，由中国绿色食品发展中心委派检查组再次进行检查核实。③ 审查不合格的，一般存在材料造假、违规使用投入品、产品质量不合格等严重问题，提交中国绿色食品发展中心主任审批并发送《绿色食品审查意见通知书》。④ 审查合格的，中国绿色食品发展中心将组织召开绿色食品专家评审会，进入专家评审。

### 7. 第七步：绿色食品专家评审

（1）召开专家评审会：中国绿色食品发展中心在完成综合审查的20个工作日内组织召开专家评审会。

（2）做出颁证决定：专家评审意见是最终颁证与否的重要依据。中国绿色食品发展中心根据专家评审意见，在5个工作日内做出颁证决定。

8. 第八步：颁证决定

做出颁证决定后，申请人须与中国绿色食品发展中心签订《绿色食品标志使用合同》，并领取绿色食品证书（图3-5）。

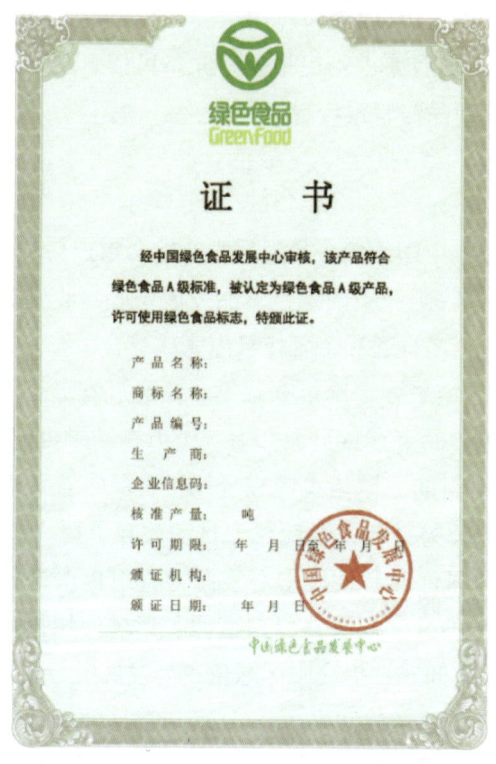

图3-5　绿色食品标志使用证书范本

## 三、绿色食品申报材料内容和要求

**（一）绿色食品蜂产品申报材料清单**

（1）《绿色食品标志使用申请书》及《蜂产品调查表》。

（2）质量控制规范。

（3）生产操作规程。

（4）基地来源证明材料及原料来源证明材料。

（5）基地图（基地位置图和基地分布图）。

（6）带有绿色食品标志的预包装标签设计样张（仅预包装食品提供）。

（7）生产记录及绿色食品证书复印件（包括养殖记录和加工记录，仅续展申请人提供）。

（8）《产地环境质量检验报告》。

（9）《产品检验报告》。

（10）绿色食品抽样单。

（11）中国绿色食品发展中心要求提供的其他材料（绿色食品企业内部检查员证书、国家农产品质量安全追溯管理信息平台注册证明等）。

注意：申请人要提前准备好营业执照，绿色食品检查员现场检查时会进行现场核实。

（二）《绿色食品标志使用申请书》和《蜂产品调查表》的填写注意事项

**1.《绿色食品标志许可申请书》填写注意事项**

《绿色食品标志许可申请书》适用于所有绿色食品申报产品。主要包括申请人基本情况、申请产品基本情况和申请产品销售情况3部分内容，具体填写注意事项如下。

【申请书页面】

# 绿色食品标志使用申请书

初次申请☐　续展申请☐　增报申请☐①

申请人（盖章）_____

申请日期_____年___月___日

中国绿色食品发展中心

【填写注意事项】

①"初次申请"是指申请人第一次申请绿色食品标志使用权；"续展申请"是指已获得的绿色食品证书有效期满，需要继续使用绿色食品标志，在证书有效期满3个月前向绿色食品省级工作机构提出申请；"增报申请"是指企业在已获证产品的基础上，申请在其他产品上使用绿色食品标志或增加已获证产品产量（如增报申请时，伴随已有产品续展应同时勾选续展申请，否则同时勾选初次申请）。

# 第三章 绿色食品蜂产品申报要求

【申请书页面】

## 填 写 说 明

一、本申请书一式三份，中国绿色食品发展中心、省级工作机构和申请人各一份。

二、本表应如实填写，所有栏目不得空缺，未填部分应说明理由。

三、本申请书无签名、盖章无效。

四、申请书的内容可打印或用蓝、黑钢笔或签字笔填写，语言规范准确、印章（签名）端正清晰。

五、申请书可从中国绿色食品发展中心网站下载，用A4纸打印。

六、本申请书由中国绿色食品发展中心负责解释。

【申请书页面】

## 保 证 声 明

我单位已仔细阅读《绿色食品标志管理办法》有关内容，充分了解绿色食品相关标准和技术规范等有关规定，自愿向中国绿色食品发展中心申请使用绿色食品标志。现郑重声明如下：

1. 保证《绿色食品标志使用申请书》中填写的内容和提供的有关材料全部真实、准确，如有虚假成分，我单位愿承担法律责任。

2. 保证申请前三年内无质量安全事故和不良诚信记录。

3. 保证严格按《绿色食品标志管理办法》、绿色食品相关标准和技术规范等有关规定组织生产、加工和销售。

4. 保证开放所有生产环节，接受中国绿色食品发展中心组织实施的现场检查和年度检查。

5. 凡因产品质量问题给绿色食品事业造成的不良影响，愿接受中国绿色食品发展中心所作的决定，并承担经济和法律责任。

法定代表人（签字）：　　　　　　　　申请人（盖章）：

　　　　　　　　　　　　　　　　　　　　年　　月　　日

【申请书页面】

## 一　申请人基本情况

| 申请人（中文） | | | | |
|---|---|---|---|---|
| 申请人（英文）② | | | | |
| 联系地址③ | | | 邮编 | |
| 网址② | | | | |
| 统一社会信用代码④ | | | | |
| 食品生产许可证号⑤ | | | | |
| 商标注册证号⑥ | | | | |
| 企业法定代表人 | | 座机 | 手机 | |
| 联系人③ | | 座机 | 手机 | |
| 内检员⑦ | | 座机 | 手机 | |
| 传真② | | E-mail② | | |
| 龙头企业⑧ | 国家级□ | 省（市）级□ | 地市级□ | |
| 年生产总值⑨（万元） | | 年利润⑨（万元） | | |
| 申请人简介 | | | | |

注：申请人为非商标持有人，须附相关授权使用的证明材料。

【填写注意事项】

②"申请人（英文）""网址""传真""E-mail"如无可不填写。
③"联系地址""联系人"等用于审查意见下发、合同寄送，务必填写真实有效的地址。
④"统一社会信用代码"填写营业执照中的有效代码，总公司和分公司一同申报须填写总公司和分公司两者的统一社会信用代码并注明。
⑤"食品生产许可证号"填写食品生产许可证中代码，如委托加工，应填写委托加工企业食品生产许可证中的代码并注明。
⑥如申请人在申请产品上使用商标，应提供该商标的商标注册证号，如为授权使用，还应在材料中提供商标注册人的授权使用合同、说明等材料。
⑦内检员须在"绿色食品内检员培训管理系统"参加培训，并获得证书，同时挂靠申请人单位。
⑧"龙头企业"分为国家级、省（市）级和地市级，如不涉及可不勾选。
⑨"年生产总值"和"年利润"填写申请人所有产品的年生产总值和年利润。

# 第三章
## 绿色食品蜂产品申报要求

【申请书页面】

| 二　申请产品基本情况 |||||||
|---|---|---|---|---|---|---|
| 产品名称⑩ | 商标⑪ | 产量(吨)⑫ | 是否有包装⑬ | 包装规格⑭ | 绿色食品包装印刷数量⑮ | 备注 |
|  |  |  |  |  |  |  |
|  |  |  |  |  |  |  |
|  |  |  |  |  |  |  |

注：续展产品名称、商标变化等情况须在备注栏中说明。

【填写注意事项】

⑩ "产品名称"是颁发绿色食品证书的重要依据，应在申请材料中保持一致并与产品包装标签（如有）一致。产品名称应符合国家现行标准或规章要求。

⑪ "商标"应与商标注册证一致。若有图形、英文或拼音等，应按"文字＋拼音＋图形"或"文字＋英文"等形式填写；若一个产品同一包装标签中使用多个商标，商标之间应用顿号隔开。同一产品可同时使用两个或两个以上的商标，应注明"商标A"或"商标A＋商标B"。同一产品名称的产品，使用不同商标按照不同产品申报，如"商标A牌蜂蜜""商标A＋商标B牌蜂蜜""商标B牌蜂蜜"。

⑫ "产量"应为该产品各种物理包装规格年产量总和。

⑬ 如填写"有包装"应在材料中提供产品包装标签复印件。

⑭ "包装规格"指该同一产品不同包装重量的规格，如500克、2 000克等。

⑮ "绿色食品包装印刷数量"应分不同规格填写。

【申请书页面】

| 三　申请产品销售情况 |||||
|---|---|---|---|---|
| 产品名称 | 年产值（万元） | 年销售额（万元） | 年出口量（吨）⑯ | 年出口额⑯（万美元） |
|  |  |  |  |  |
|  |  |  |  |  |
|  |  |  |  |  |

填表人（签字）：　　　　　　　　　　内检员（签字）：

注：内检员适用于已有中国绿色食品发展中心注册内检员的申请人。

【填写注意事项】

⑯ "年出口量""年出口额"如不涉及不填写。

## 2.《蜂产品调查表》填写注意事项

《蜂产品调查表》适用于涉及蜜蜂养殖的相关产品，涉及加工环节须另行填写《加工产品调查表》，具体填写注意事项如下。

【调查表页面】

# 蜂产品调查表

申请人（盖章）_____

申 请 日 期____年____月____日

中国绿色食品发展中心

【调查表页面】

# 填 表 说 明

一、本表适用于涉及蜜蜂养殖的相关产品，加工环节须填写《加工产品调查表》。

二、本表一式三份，中国绿色食品发展中心、省级工作机构和申请人各一份。

三、本表应如实填写，所有栏目不得空缺，未填部分应说明理由。

四、本表无签字、盖章无效。

五、本表的内容可打印或用蓝、黑钢笔或签字笔填写，语言规范准确、印章（签名）端正清晰。

六、本表可从中国绿色食品发展中心网站下载，用A4纸打印。

七、本表由中国绿色食品发展中心负责解释。

【调查表页面】

## 一　产地环境基本情况（蜜源地和蜂场）

| | |
|---|---|
| 基地位置（蜜源地和蜂场）① | |
| 产地是否位于生态环境良好、无污染地区，是否避开污染源？ | |
| 产地是否距离公路、铁路、生活区50米以上，距离工矿企业1千米以上？ | |
| 请描述产地及周边植物的农药、肥料等投入品使用情况② | |
| 请描述产地及周边的动植物生长、布局等情况 | |

注：相关标准见《绿色食品　产地环境质量》（NY/T 391）和《绿色食品　产地环境调查、监测与评价规范》（NY/T 1054）。

【填写注意事项】

①"基地位置"蜜源地和蜂场应分别填写，具体到村，5个以上的可另附基地清单。

②蜜源地周边植物农药、肥料的使用，不能影响蜜蜂采蜜，如施药时放蜂，应说明此时生产的产品处置情况。

【调查表页面】

## 二　蜜源植物

| 蜜源植物名称③ | 流蜜时间（起止时间） | 蜜源地规模（万亩）④ |
|---|---|---|
| 蜜源地常见病虫草害 | | |
| 病虫草害防治方法。若使用农药，请明确农药名称、用量、防治对象和安全间隔期等内容⑤ | | |
| 蜂场周围半径3~5千米范围内有毒有害蜜源植物 | | |

注：不同蜜源植物应分别填写。

【填写注意事项】

③"蜜源植物名称"应根据蜜源植物类别（野生、人工种植）分别填写。

④"蜜源地规模"应填写蜜源地总面积。

⑤病虫草害防治应填写具体防治方法，涉及农药使用的，应填写使用的农药通用名、用量、使用时间、防治对象和安全间隔期等内容，应符合《绿色食品　农药使用准则》（NY/T 393）要求。

## 【调查表页面】

### 三　蜂　场

| 蜂种（中蜂、意蜂、黑蜂、无刺蜂） | | 蜂箱数 | | 生产期采收次数 | |
|---|---|---|---|---|---|
| 蜂箱用何种材料制作 | | | | | |
| 巢础来源及材质⑥ | | | | | |
| 蜂场及蜂箱如何消毒，请明确消毒剂名称、用量、批准文号、使用时间、采蜜间隔期等内容⑦ | | | | | |
| 蜂场如何培育蜂王 | | | | | |
| 蜜蜂饮用水来源⑧ | | | | | |
| 是否转场饲养？转场期间是否饲喂？请具体描述⑨ | | | | | |

## 【填写注意事项】

⑥应具体描述巢础来源及材质。

⑦应具体描述蜂箱及设备的消毒方法、消毒剂名称与用量、消毒时间等，使用的物质应符合《绿色食　农药使用准则》（NY/T 393）和《绿色食品　兽药使用准则》（NY/T 472）要求。

⑧"蜜蜂饮用水来源"应填写露水、江河水、生活饮用水等。

⑨涉及转场饲养的，应描述具体的转场时间、转场方法等，饲养方式及管理措施有无明显风险隐患；涉及转场的蜂产品，产品调查表应按照不同转场蜜源地分别填写。

## 【调查表页面】

### 四　饲　喂

| 饲料名称⑩ | 饲喂时间 | 用量（吨） | 来源⑪ |
|---|---|---|---|
| | | | |
| | | | |

注：1. 相关标准见《绿色食品　饲料及饲料添加剂使用准则》（NY/T 471）。
　　2. 表格不足可自行增加行数。

## 【填写注意事项】

⑩"饲料名称"应填写所有饲料及饲料添加剂使用情况。

⑪"来源"应填写自留或饲料生产单位名称；应符合《绿色食品　饲料及饲料添加剂使用准则》（NY/T 471）要求。

【调查表页面】

## 五　蜜蜂常见疾病防治

| 蜜蜂常见疾病 | | | | |
|---|---|---|---|---|
| 防治措施[12] | | | | |
| 兽药名称 | 批准文号 | 用途 | 用量 | 采蜜间隔期 |
|  |  |  |  |  |
|  |  |  |  |  |

注：1. 相关标准见《绿色食品　兽药使用准则》（NY/T 472）。
　　2. 表格不足可自行增加行数。

【填写注意事项】

[12]针对常见疾病所采取的防治措施得当，兽药的品种和使用应符合《绿色食品　兽药使用准则》（NY/T 472）要求；消毒物质和消毒方法应符合《绿色食品　农药使用准则》（NY/T 393）和《绿色食品　兽药使用准则》（NY/T 472）要求。

【调查表页面】

## 六　采收、储存及运输情况

| 采收原料类别 | 蜂蜜□ | 蜂王浆□ | 蜂花粉□ | 其他产品□ |
|---|---|---|---|---|
| 采收方式 |  |  |  |  |
| 采收设备及材质 |  |  |  |  |
| 采收时间[13] |  |  |  |  |
| 采收数量（千克/蜂箱） |  |  |  |  |
| 取蜜设备使用前后是否清洗？请具体描述 | | | | |
| 是否存在非绿色食品生产？请描述区分管理措施[14] | | | | |
| 如何储存？包括从采收到加工过程中的储存环境、间隔时间、储存设备等，请具体描述[15] | | | | |
| 储存设备使用前后是否清洗？请具体描述清洗情况 | | | | |
| 如何运输？请具体描述 | | | | |

【填写注意事项】

[13]有多次采收的，应填写所有采收时间。
[14]有平行生产的，应具体描述区分管理措施。
[15]相关操作和处理措施应符合《绿色食品　包装通用准则》（NY/T 658）和《绿色食品　储藏运输准则》（NY/T 1056）要求。

【调查表页面】

| 七　废弃物处理及环境保护措施⑯ |
| --- |
|  |
| 填表人（签字）：　　　　　　内检员（签字）： |

【填写注意事项】

⑯ 应按实际情况填写具体措施，并应符合国家和绿色食品相关标准要求。

（三）资质证明材料要求

申请绿色食品标志需要提供的资质证明材料主要包括营业执照、商标注册证等，重点证明申请人所从事的生产具有合法资质，并具有相应的生产能力。

1. 营业执照（图3-6）

（1）营业执照中的主体名称（绿色食品申请人）为企业法人、农民专业合作社、个人独资企业、合伙企业、家庭农场、国有农场、国有林场或兵团团场等生产单位。

（2）绿色食品申请日期距营业执照中的成立日期已满1年。

（3）申请人经营正常、信用信

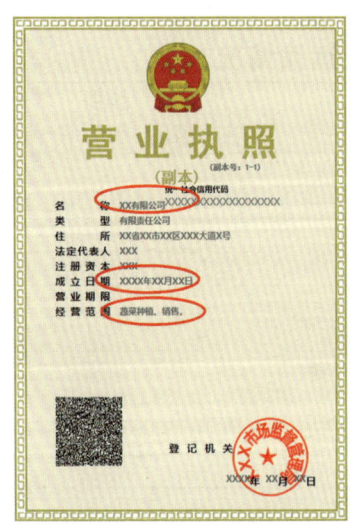

企业信用信息公示系统网址：
http://gsxt.salc.gov.cn

图3-6　营业执照核实内容示例

息良好，未列入经营异常名录、严重违法失信企业名单。

（4）经营范围应涵盖蜜蜂养殖、蜂产品生产经营等相关行业。

（5）申请人无须提交纸质营业执照复印件，检查员现场检查核实。

### 2. 商标注册证（图3-7）

（1）商标注册人应与绿色食品申请人一致。授权使用的商标应提交商标授权使用合同或协议。

（2）商标注册范围属于"核定使用商品"第31类并涵盖申报产品。

（3）商标应在注册有效期内。

（4）受理期、公告期的商标应按无商标申报绿色食品，待正式取得商标注册证后可向中国绿色食品发展中心申请免费变更商标。

（5）申请人无须提交纸质商标注册证复印件，检查员现场检查核实。

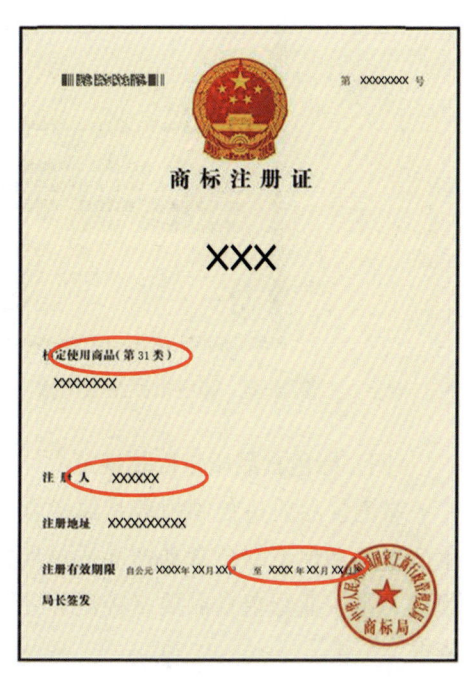

图3-7 商标注册证核实内容示例

### 3. 有效期内的绿色食品企业内检员证书复印件（图3-8）

内检员所在企业名称应与绿色食品申请人一致。

图 3-8　绿色食品企业内检员证书核实内容示例

**(四) 绿色食品质量控制规范**

绿色食品质量控制规范是绿色食品企业内部为规范绿色食品生产过程和保证绿色食品产品质量所制定的质量管理制度和活动规范，是企业绿色食品质量控制体系建立和有效运行的重要指导依据。

**1. 编制原则**

在制定绿色食品质量控制规范时应遵循以下原则。

（1）应符合国家农产品质量安全、食品安全、绿色食品有关法律法规、政策。

（2）应符合本单位组织模式、生产规模、质量管理能力。

（3）应注重制度规范的系统性、协调性和有效性，同时结合质量控制体系的运行情况和相关标准更新情况，不断修订、完善质量管理制度体系，持续提升绿色食品质量控制体系的有效性。

（4）应重点体现绿色食品"从土地到餐桌"的全程质量管理要求，覆盖绿色食品生产所有主要质量控制环节，规范对绿色食品生产的产前、产中和产后全过程的管理。

（5）可引进和实施ISO9000质量管理体系、ISO14000环境管理体系以及危害分析关键控制点（HACCP）等。应重点围绕"种植环境—投入品供应与管理—投入品使用—产品收获及初加工—产品检验—产品包装—贮藏运输"等主要环节和关键控制点，制定绿色食品质量控制措施。

**2. 应制定的重点制度及其内容（九大制度）**

（1）建立质量责任制度。申请人应根据绿色食品主体类型和组织模式，建立科学合理、分工明确的绿色食品生产管理组织架构，明确质量管理组织职责。应设立一名绿色食品内检员，重点负责绿色食品质量控制相关工作。

（2）基地（农户）管理制度。建立基地清单、农户清单、农户档案，存在50户以上农户时，应建立基地内控组织（基地内部分块管理），并制定相关管理制度。基地和所有农户应实行"统一供种、统一投入品、统一培训、统一操作、统一管理、统一收购"的"六统一"制度。

（3）投入品供应及使用制度。包括生产资料等采购、使用、仓储、领用制度。

（4）生产过程管理制度。包括品种选择、饲养管理、疾病防治、产品收集、包装仓储、运输配送等相关管理制度。

（5）环境保护制度。包括基地环境监测保护制度、废弃物管理制度等。

（6）区分管理制度。如存在绿色食品和常规产品平行生产的情况，还应针对每个生产管理环节制定区分管理制度，防止绿色食品和常规产品混淆。

（7）培训与考核制度。包括绿色食品培训制度，同时针对绿色食品标准执行情况和质量控制情况建立考核制度等。

（8）内部检查及检测制度。包括质量安全检查制度、残次品处置制度、产品质量检测制度、质量事故报告和处理制度等。

（9）质量追溯管理制度。应按照"生产有记录，流向可追踪、信息可查询、质量可追溯"的要求，建立质量追溯管理制度和绿色食品全过程生产记录。

### （五）生产技术规程

绿色食品生产技术规程是指导和落实绿色食品标准化生产的重要技术资料，是申请人计划、组织和控制绿色食品生产全过程以及保证绿色食品产品质量的重要依据。

**1. 编写原则**

（1）应由申请人结合本单位生产实际和绿色食品标准要求，自主编制或在有关技术部门指导协助下编制完成，不能用国际标准、行业标准、地方标准或技术资料代替。

（2）申请人应因地制宜，根据蜜蜂的种类、养殖特点、环境条件、设施水平、技术水平等综合因子，分类编制具备科学性、可操作性、实用性的生产技术规程。

（3）应按照绿色食品相关标准和全过程质量控制要求制定，产地环境、投入品、养殖技术、饲养管理、疾病防治、产品收获、包装储运等每个生产过程和技术环节要符合绿色食品标准和生产技术要求。例如，疾病防控应充分体现绿色防控的技术特点，应按《中华人民共和国动物防疫法》的规定进行动物疾病的防治，在养殖过程中尽量不用或少用药物；确需使用兽药时，应在执业兽医指导下进行；饲料和饲料添加剂的使用应对养殖动物机体健康和环境无不良影响,所生产的产品品质优,对消费者健康无不良影响,提倡优先使用微生物制剂、酶制剂、天然植物添加剂和有机矿物质,限制使用化学合成饲料和饲料添加剂。

**2. 编写重点**

(1)立地条件及厂区环境。基地及厂区环境应保证地势平坦、环境清洁、水质优良,并符合NY/T 391、NY/T 1054要求。

(2)日常饲养管理。应包括养殖方式、饮用水来源、废弃物处理措施等,并符合NY/T 472、NY/T 473等要求。

(3)饲料管理。除自留蜜、花粉等外其他饲料原料应包括来源、年用量等,并符合NY/T 471要求。

(4)疾病防治。应针对当地常见疾病种类及发生规律提出具体防治措施。涉及兽药、消毒剂等使用的,应明确名称、用量、防治对象、使用方法、使用时间和停药期,并符合NY/T 472、《兽药停药期规定》等要求。

(5)收获及初加工。包括收获方式、产量、时间、收后预处理及初加工等,平行生产及废弃物处理等应符合国家法律法规及绿色食品相关标准要求。

(6)包装储运。包括产品包装材料、标识、存储(包括防鼠、防潮、防虫措施)、运输等,应符合NY/T 1056及相关绿色食品标准要求。

**3. 编写主要参考依据**

(1)绿色食品 产地环境质量(NY/T 391)

(2)绿色食品 饲料及饲料添加剂使用准则(NY/T 471)

(3)绿色食品 兽药使用准则(NY/T 472)

(4)绿色食品 畜禽卫生防疫准则(NY/T 473)

(5)绿色食品 产地环境调查、监测与评价规范(NY/T 1054)

(6)绿色食品 储藏运输准则(NY/T1056)

（7）绿色食品　蜂产品（NY/T 752）

**（六）基地来源证明材料**

证明材料包括基地权属证明、合同（协议）、农户（社员）清单等，应重点审查证明材料的真实性和有效性，不应有涂改或伪造。

**1. 自有基地**

（1）应审查基地权属证书，如产权证、林权证、滩涂证、国有农场所有权证书等。

（2）证书持有人应与申请人信息一致。

（3）基地使用面积应满足生产规模需要。

（4）证书应在有效期内。

**2. 基地入股型合作社**

（1）应审查合作社章程及农户（社员）清单，清单中应至少包括农户（社员）姓名、生产规模等栏目。

（2）章程和清单中签字、印章应清晰、完整。

（3）基地使用面积应满足生产规模需要。

**3. 流转土地统一经营**

（1）应审查基地流转（承包）合同（协议）及流转（承包）清单，清单中应至少包括农户（社员）姓名、生产规模等栏目。

（2）基地流入方（承包人）应与申请人信息一致；土地流出方（发包方）为非产权人的，应审查非产权人土地来源证明。

（3）基地使用面积应满足生产规模需要。

（4）合同（协议）应在有效期内。

**（七）原料来源证明材料**

证明材料包括合同（协议）、基地清单、农户（内控组织）清单及购销凭证等，应重点审查证明材料的真实性和有效性，不应有涂改或伪造。

### 1. 公司+合作社（农户）

（1）应审查至少两份与合作社（农户）签订的委托生产合同（协议）样本及基地清单；合同（协议）有效期应在3年（含）以上，并确保至少一个绿色食品用标周期内原料供应的稳定性，内容应包括绿色食品质量管理、技术要求和法律责任等；基地清单中应包括序号、负责人、基地名称、合作社（农户）数、生产品种、面积（规模）、预计产量等栏目，并应有汇总数据（图3-9）。

**基地清单（模板）**

| 序号 | 合作社名（基地村名） | 农户数 | 养殖品种 | 养殖规模 | 预计产量 | 负责人员 |
|---|---|---|---|---|---|---|
|  |  |  |  |  |  |  |
|  |  |  |  |  |  |  |
|  |  |  |  |  |  |  |
| 合计 |  |  |  |  |  |  |

申请人（盖章）

图3-9 基地清单示例

（2）农户数50户（含）以下的应审查农户清单，清单中应包括序号、基地名称、农户姓名、生产品种、面积（规模）、预计产量等栏目，并应有汇总数据（图3-10）；农户数50~1 000户（含）的，应审查内控组织（不超过20个）清单，清单中应包括序号、负责人、基地名称、农户数、生产品种、面积（规模）、预计产量等栏目，并应有汇总数据；农户数1 000户以上的，应与合作社建立委托生产关系，被委托合作社应统一负责生产经营活动，应审查基地清单及被委托合作社章程。

**农户清单（模板）**

| 序号 | 基地村名 | 农户姓名 | 养殖品种 | 养殖规模 | 预计产量 |
|------|----------|----------|----------|----------|----------|
|      |          |          |          |          |          |
|      |          |          |          |          |          |
|      |          |          |          |          |          |
| 合计 |          |          |          |          |          |

申请人（盖章）

图 3-10　农户清单示例

（3）清单汇总数据中的生产规模或产量应满足申请产品的生产需要。

**2. 外购全国绿色食品原料标准化生产基地原料**

（1）应审查有效期内的基地证书。

（2）申请人与全国绿色食品原料标准化生产基地范围内生产经营主体签订的原料供应合同（协议）及1年内的购销凭证。

（3）合同（协议）、购销凭证中的产品应与基地证书中批准产品相符。

（4）合同（协议）有效期应在3年（含）以上，并确保至少一个绿色食品用标周期内原料供应的稳定性，生产规模或产量应满足申请产品的生产需要。

（5）购销凭证中收付款双方应与合同（协议）中一致。

（6）基地建设单位出具的确认原料来自全国绿色食品原料标准化生产基地和合同（协议）真实有效的证明。

（7）申请人无须提供《种植产品调查表》、种植规程、基地图等材料。

**3. 外购已获证产品及其副产品（绿色食品生产资料）**

（1）应审查有效期内的绿色食品（绿色食品生产资料）证书。

（2）申请人与绿色食品（绿色食品生产资料）证书持有人签订的购买合同（协议）及1年内的购销凭证；供方（卖方）非证书持有人的，应审查绿色食品原料（绿色食品生产资料）来源证明，如经销商销售绿色食品原料（绿色食品生产资料）的合同（协议）及发票或绿色食品（绿色食品生产资料）证书持有人提供的销售证明等。

（3）合同（协议）、购销凭证中的产品应与绿色食品（绿色食品生产资料）证书中批准的产品相符。

（4）合同（协议）应确保至少一个绿色食品用标周期内原料供应的稳定性，生产规模或产量应满足申请产品的生产需要。

（5）购销凭证中收付款双方应与合同（协议）中一致。

**（八）基地图**

基地图包括基地位置图及基地分布图。图中应有图例、指北等要素，图中信息应与申请材料中相关信息一致。具体要求如下。

（1）基地位置图范围应为基地及其周边5千米区域，应标示出基地位置、基地区域界限（包括行政区域界限、村组界限等）及周边信息（包括村庄、河流、山川、树林、道路、设施、污染源等）。

（2）基地分布图应标示出基地面积、方位、边界、周边区域利用情况及各类不同生产功能区域等。

**（九）包装标签设计样张**

根据《中华人民共和国商标法》及《绿色食品标志管理办法》规定，绿色食品标志使用人在证书有效期内，可在获证产品及其包装、标签、说明书，以及在获证产品的广告宣传、展览展销等市场营销活动中使用绿色食品标志。如果申报产品为预包装产品，申请人提交申请时应同时提供包装标签设计样张,规范标注申请人名称、申报产品名称、绿色食品标志使用形式、执行标准、申请人联系方式等内容。

**1. 绿色食品标志使用形式**

绿色食品商标标志设计使用应按照《中国绿色食品商标标志设计使用规范手册》的规定,目前有7种绿色食品标志形式可以使用。绿色食品企业信息码(GF)是中国绿色食品发展中心赋予每个绿色食品标志使用人的唯一数字编码,与绿色食品标志(组合图形)在获证产品包装上配合使用。

绿色食品企业信息码编号形式为GF××××××××××××,GF是绿色食品英文"Green Food"首字母的缩写组合,后面为12位阿拉伯数字,其中1~6位为地区代码(按行政区划编制到县级),7~8位为获证年份,9~12位为当年标志使用人序号。企业信息码的形式与含义如图3-11所示。

图3-11 绿色食品企业信息码形式和含义

**2. 绿色食品标志使用原则**

(1)基本要素保持不变。绿色食品标志的图形、中英文字体、字形、标准色(绿色)、注册符号标注位置等保持不变,确保绿色食品品牌形象整体保持不变。在个别产品包装不适宜使用标准色时,标志使用人可在其产品包装上使用其他颜色,但须经中国绿色食品发展中心审核备案。

（2）标志组合保持不变。主要是指在产品包装上使用时，绿色食品标志图形和绿色食品中英文组合基本保持不变。图形与文字等用标组合已经国家知识产权局商标局注册，受《中华人民共和国商标法》保护，在实际应用中基本保持不变，特别是在产品包装上使用时，图形与文字组合须出现在同一视野，不应单独使用图形或文字，确保绿色食品标志使用合法、规范。

（十）生产记录（续展时提供）

生产记录是用于追溯申请人的蜜蜂养殖、产品加工、储存运输及产品销售等生产销售历史和质量有关情况的重要技术文件。绿色食品蜂产品续展申报需要提供符合以下要求的生产记录。

（1）应提供上一用标周期绿色食品生产记录，包含投入品购买与领用、农事操作、蜜蜂养殖、产品收获、生产加工、包装标识、储藏运输、产品销售等记录，保证能追溯上一用标周期从基地生产到销售全过程，同时，应有当地农业行政主管部门的指导和监督。

（2）详细记载生产活动中所使用过的饲料和兽药等投入品的名称、来源、用法、用量、使用日期、停用日期；详细记载生产过程中疾病的预防措施、发生情况和防治技术措施。

（3）记录应现场记录，不应事后批量补写，也不应事前估算填写。

（4）记录应有固定格式，且书写规范，操作人和审核人应亲笔签名，确保记录真实性。

（5）禁止伪造生产记录。

（十一）其他文件

申请人应在国家农产品质量安全追溯管理信息平台注册，企业注册的页面如图3-12所示。

**国家农产品质量安全追溯管理信息平台**

| 主体名称 | | |
|---|---|---|
| 组织形式 | | |
| 主体类型 | | |
| 主体属性 | | |
| 所属行业 | | |
| 主体身份码 | | |
| 证件类型 | | |
| 企业注册号 | | |
| 营业期限 | | |
| 认证类型 | | |
| 详细地址 | | |
| 法人姓名 | | |
| 身份证号 | | |
| 联系电话 | | |
| 联系人姓名 | | |
| 联系人电话 | | |
| 联系人邮箱 | | |

图 3-12　国家农产品质量安全追溯管理信息平台企业信息页面

# 第四章
# 绿色食品蜂产品申报范例

## 一、蜂产品（中华蜜蜂）申报范例

洋槐蜂蜜以西安市××蜂蜜加工厂初次申请绿色食品申报材料为例，示例中涉及申请主体隐私的内容已经处理隐藏，示例中养殖环境照片仅作为环境示例。西安市××蜂蜜加工厂成立于2003年，位于西安市，是一家专业生产经营蜂产品的外向型龙头企业。主要养殖中华蜜蜂（简称中蜂），蜜源基地位于西安市××县爷台山洋槐林（图4-1）。蜜源植物洋槐种植面积达3万亩，养殖10 000箱蜂。蜜源基地有丰富的自然资源，生态环境良好。该生产主体养殖过程中坚持按绿色食品相关标准进行日常生产管理，选择野生洋槐林为蜜源地，洋槐流蜜期后，则采集爷台山15万亩的天然基地的山花蜜粉，不存在外地转场。随着绿色食品品质在社会上口碑的不断提升，该生产主体为进一步提

图4-1 西安市××蜂蜜加工厂蜜源基地

高洋槐蜂蜜的市场知名度,于20××年申报绿色食品。

(一)申请书和调查表填写范例

1.《绿色食品标志使用申请书》

《绿色食品标志使用申请书》填写范例如下。其中所填写内容仅供参考,申请人应根据本企业实际情况填写。

CGFDC-SQ-01/2019

## 绿色食品标志使用申请书

初次申请☑  续展申请☐  增报申请☐

申请人(盖章)<u>西安市××蜂蜜加工厂</u>
申请日期<u>20××年××月××日</u>

中国绿色食品发展中心

# 第四章

## 绿色食品蜂产品申报范例

## 填写说明

一、本申请书一式三份,中国绿色食品发展中心、省级工作机构和申请人各一份。

二、本表应如实填写,所有栏目不得空缺,未填部分应说明理由。

三、本申请书无签名、盖章无效。

四、申请书的内容可打印或用蓝、黑钢笔或签字笔填写,语言规范准确、印章(签名)端正清晰。

五、申请书可从中国绿色食品发展中心网站下载,用A4纸打印。

六、本申请书由中国绿色食品发展中心负责解释。

## 保证声明

我单位已仔细阅读《绿色食品标志管理办法》有关内容,充分了解绿色食品相关标准和技术规范等有关规定,自愿向中国绿色食品发展中心申请使用绿色食品标志。现郑重声明如下:

1. 保证《绿色食品标志使用申请书》中填写的内容和提供的有关材料全部真实、准确,如有虚假成分,我单位愿承担法律责任。

2. 保证申请前三年内无质量安全事故和不良诚信记录。

3. 保证严格按《绿色食品标志管理办法》、绿色食品相关标准和技术规范等有关规定组织生产、加工和销售。

4. 保证开放所有生产环节,接受中国绿色食品发展中心组织实施的现场检查和年度检查。

5. 凡因产品质量问题给绿色食品事业造成的不良影响,愿接受中国绿色食品发展中心所作的决定,并承担经济和法律责任。

法定代表人(签字): 安以新    申请人(盖章)

20××年×月×日

# 一　申请人基本情况

| 申请人（中文） | 西安市××蜂蜜加工厂 | | | | |
|---|---|---|---|---|---|
| 申请人（英文） | 无 | | | | |
| 联系地址 | 西安市××区××大道中段 | | | 邮编 | 710089 |
| 网址 | 无 | | | | |
| 统一社会信用代码 | 91610114220××××××× | | | | |
| 食品生产许可证号 | SC12661×××××××× | | | | |
| 商标注册证号 | 第370×××号 | | | | |
| 企业法定代表人 | 安以新 | 座机 | 029-8680×××× | 手机 | 13712345678 |
| 联系人 | 孙为民 | 座机 | 029-8680×××× | 手机 | 13912345678 |
| 内检员 | 孙为民 | 座机 | 029-8680×××× | 手机 | 13912345678 |
| 传真 | 029-8680×××× | E-mail | yanlianghoney_zj@163.com | | |
| 龙头企业 | 国家级□　　省（市）级☑　　地市级□ | | | | |
| 年生产总值（万元） | 7 500 | | 年利润（万元） | | 200 |
| 申请人简介 | 　　西安市××蜂蜜加工厂位于西安市××区××大道，企业现有人员150余人，固定资产6 000余万元。拥有年产5 000吨蜂蜜的生产线1条，具备符合良好生产规范（GMP）标准要求的蜂王浆、花粉生产车间和蜂产品化验室各1座。每年可收购、加工、出口各种蜂产品5 000吨，是一家专业生产经营蜂产品的外向型龙头企业 | | | | |

注：申请人为非商标持有人，须附相关授权使用的证明材料。

## 二 申请产品基本情况

| 产品名称 | 商标 | 产量（吨） | 是否有包装 | 包装规格 | 绿色食品包装印刷数量 | 备注 |
|---|---|---|---|---|---|---|
| 洋槐蜂蜜 | 众天 | 160 | 是 | 500克/盒，1千克/盒 | 20万件 | |
| | | | | | | |
| | | | | | | |

注：续展产品名称、商标变化等情况需在备注栏中说明。

## 三 申请产品销售情况

| 产品名称 | 年产值（万元） | 年销售额（万元） | 年出口量（吨） | 年出口额（万美元） |
|---|---|---|---|---|
| 洋槐蜂蜜 | 500 | 500 | 60 | 50 |
| | | | | |
| | | | | |

填表人（签字）：孙为民　　内检员（签字）：孙为民

注：内检员适用于已有中国绿色食品发展中心注册内检员的申请人。

### 2.《蜂产品调查表》

《蜂产品调查表》填写范例如下。其中所填写内容仅供参考，申请人应根据本企业实际情况填写。

CGFDC-SQ-07/2022

# 蜂产品调查表

申请人（盖章）<u>西安市××蜂蜜加工厂</u>
申请日期 20××年××月××日

中国绿色食品发展中心

## 填 表 说 明

一、本表适用于涉及蜜蜂养殖的相关产品，加工环节须填写《加工产品调查表》。

二、本表一式三份，中国绿色食品发展中心、省级工作机构和申请人各一份。

三、本表应如实填写，所有栏目不得空缺，未填部分应说明理由。

四、本表无签字、盖章无效。

五、本表的内容可打印或用蓝、黑钢笔或签字笔填写，语言规范准确、印章（签名）端正清晰。

六、本表可从中国绿色食品发展中心网站下载，用A4纸打印。

七、本表由中国绿色食品发展中心负责解释。

## 一  产地环境基本情况(蜜源地和蜂场)

| 基地位置(蜜源地和蜂场) | ××县爷台山洋槐林 |
|---|---|
| 产地是否位于生态环境良好、无污染地区,是否避开污染源? | 是 |
| 产地是否距离公路、铁路、生活区50米以上,距离工矿企业1千米以上? | 是 |
| 请描述产地及周边植物的农药、肥料等投入品使用情况 | 无农药、肥料使用 |
| 请描述产地及周边的动植物生长、布局等情况 | 爷台山洋槐林地森林 |

注:相关标准见《绿色食品 产地环境质量》(NY/T 391)和《绿色食品 产地环境调查、监测与评价规范》(NY/T 1054)。

## 二  蜜源植物

| 蜜源植物名称 | 洋槐树 | 流蜜时间(起止时间) | 5—7月 | 蜜源地规模(万亩) | 3万亩 |
|---|---|---|---|---|---|
| 蜜源地常见病虫草害 | 无常见病虫草害 ||||||
| 病虫草害防治方法。若使用农药,请明确农药名称、用量、防治对象和安全间隔期等内容 | 野生洋槐林不涉及病虫草害防治 ||||||
| 蜂场周围半径3~5千米范围内有毒有害蜜源植物 | 基地属飞播林地,无有毒有害蜜源植物 ||||||

注:不同蜜源植物应分别填写。

## 三　蜂　场

| 蜂种（中蜂、意蜂、黑蜂、无刺蜂） | 中蜂 | 蜂箱数 | 10 000箱 | 生产期采收次数 | 2~3次 |
|---|---|---|---|---|---|
| 蜂箱用何种材料制作 | 木质蜂箱 ||||| 
| 巢础来源及材质 | 中蜂自产巢脾 |||||
| 蜂场及蜂箱如何消毒，请明确消毒剂名称、用量、批准文号、使用时间、采蜜间隔期等内容 | 蜂场每年用生石灰消毒1次；蜂箱分别在春季、秋季换箱时，采用火烧烟熏或酒精喷洒等方式消毒 |||||
| 蜂场如何培育蜂王 | 自然养殖 |||||
| 蜜蜂饮用水来源 | （1）蜂场附近有便于蜜蜂采水的良好水源，水质符合要求<br>（2）根据西安市××蜂蜜加工厂爷台山基地的具体情况，蜜蜂饮用水来自山泉、小溪、河流和蜂场的晨露 |||||
| 是否转场饲养？转场期间是否饲喂？请具体描述 | 会转场饲养。公司蜂场在爷台山洋槐基地，洋槐流蜜期后，转场至爷台山15万亩天然山花基地。每年10月回公司蜂场 |||||

## 四　饲　喂

| 饲料名称 | 饲喂时间 | 用量（吨） | 来源 |
|---|---|---|---|
| 自产蜂蜜 | 10月至翌年3月 | 5.5~8.0 | 蜂场自留 |
|  |  |  |  |
|  |  |  |  |

注：1. 相关标准见《绿色食品　饲料及饲料添加剂使用准则》（NY/T 471）。
　　2. 表格不足可自行增加行数。

## 五　蜜蜂常见疾病防治

| 蜜蜂常见疾病 | 囊状幼虫病 |||
|---|---|---|---|
| 防治措施 ||||
| 兽药名称 | 批准文号 | 用途 | 用量 | 采蜜间隔期 |
| 元胡 |  | 防治囊状幼虫病 | 20克/蜂箱 | 1个月 |

注：1. 相关标准见《绿色食品　兽药使用准则》（NY/T 472）。
　　2. 表格不足可自行增加行数。

## 六　采收、储存及运输情况

| 采收原料类别 | 蜂蜜☑ | 蜂王浆☐ | 蜂花粉☐ | 其他产品☐ |
|---|---|---|---|---|
| 采收方式 | 蜜蜂采集 | | | |
| 采收设备及材质 | 不锈钢摇蜜机 | | | |
| 采收时间 | 5月5日至6月5日 | | | |
| 采收数量（千克/蜂箱） | 20 | | | |
| 取蜜设备使用前后是否清洗？请具体描述 | 是，热水冲洗消毒 | | | |
| 是否存在非绿色食品生产？请描述区分管理措施 | 否 | | | |
| 如何储存？包括从采收到加工过程中的储存环境、间隔时间、储存设备等，请具体描述 | 单独存放 | | | |
| 储存设备使用前后是否清洗？请具体描述清洗情况 | 闭口聚乙烯吹塑容器 | | | |
| 如何运输？请具体描述 | 单车单运 | | | |

## 七　废弃物处理及环境保护措施

废弃物处理：无害化处理

填表人（签字）：孙为民　　　内检员（签字）：孙为民

### 3.《加工产品调查表》

《加工产品调查表》填写范例如下。其中所填写内容仅供参考，申请人应根据本企业实际情况填写。

CGFDC-SQ-04/2022

# 加工产品调查表

申请人（盖章） <u>西安市××蜂蜜加工厂</u>

申 请 日 期 ××××年××月××日

中国绿色食品发展中心

## 填 表 说 明

一、本表适用于以符合绿色食品生产相关要求的植物、动物和微生物产品为原料，进行加工和包装的食品，如米面及其制品、食用植物油、肉食加工品、乳制品、酒类等。

二、购买全国绿色食品原料标准化生产基地原料或绿色食品产品分包装的申请人须填写此表。

三、本表一式三份，中国绿色食品发展中心、省级工作机构和申请人各一份。

四、本表应如实填写，所有栏目不得空缺，未填部分应说明理由。

五、本表无签字、盖章无效。

六、本表的内容可打印或用蓝、黑钢笔或签字笔填写，语言规范准确、印章（签名）端正清晰。

七、本表可从中国绿色食品发展中心网站下载，用A4纸打印。

八、本表由中国绿色食品发展中心负责解释。

## 一 加工产品基本情况

| 产品名称 | 商标 | 产量（吨） | 有无包装 | 包装规格 | 备注 |
|---|---|---|---|---|---|
| 洋槐蜂蜜 | 众天 | 160 | 有 | 500克/盒，1千克/盒 | |
| | | | | | |
| | | | | | |
| | | | | | |

注：续展产品名称、商标变化等情况须在备注栏说明。

## 二 加工厂环境基本情况

| | |
|---|---|
| 加工厂地址 | 西安市××区××大道中段 |
| 加工厂是否位于生态环境良好、无污染地区，是否避开污染源？ | 是 |
| 加工厂是否距离公路、铁路、生活区50米以上，距离工矿企业1千米以上？ | 否 |
| 绿色食品生产区和生活区域是否具备有效的隔离措施？请具体描述 | 生活区距绿色食品生产区1千米以上，厂区生产车间区域不设生活活动区，并有围墙与外部环境隔离 |

注：相关标准见《绿色食品 产地环境质量》（NY/T 391）。

# 三 产品加工情况

## 工艺流程及工艺条件

各产品加工工艺流程图（应体现所有加工环节，包括所用原料、食品添加剂、加工助剂等），并描述各步骤所需生产条件（温度、湿度、反应时间等）：

产品工艺流程图

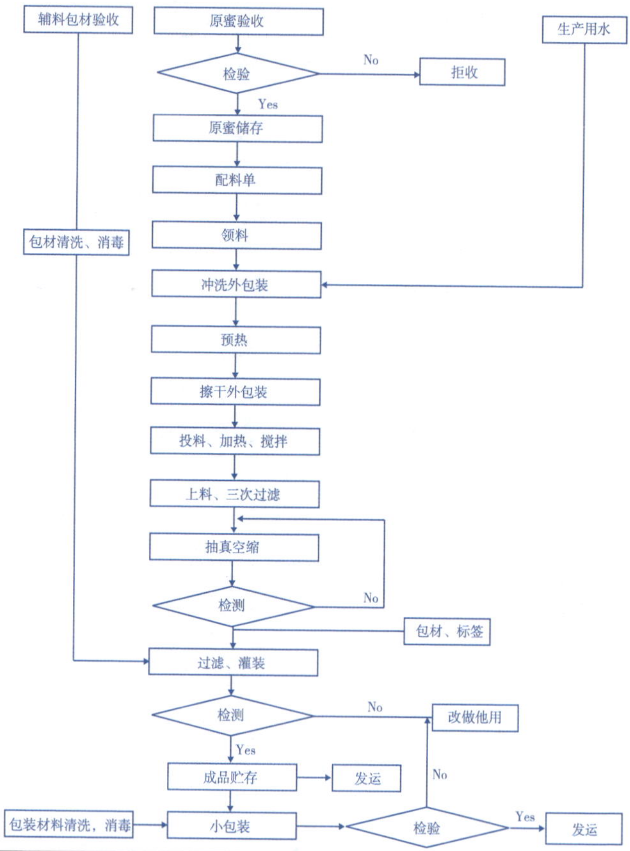

```
辅料包材验收 → 原蜜验收 → 检验 --No--> 拒收
                            ↓Yes
                         原蜜储存
                            ↓
                         配料单
                            ↓
包材清洗、消毒 →         领料                    生产用水
                            ↓                      ↓
                       冲洗外包装 ←─────────────────
                            ↓
                          预热
                            ↓
                       擦干外包装
                            ↓
                     投料、加热、搅拌
                            ↓
                     上料、三次过滤
                            ↓
                       抽真空缩
                            ↓
                         检测 --No--> 包材、标签
                            ↓Yes
                       过滤、灌装
                            ↓
                         检测 --No--> 改做他用
                            ↓Yes
                       成品贮存 → 发运
                            ↓
包装材料清洗、消毒 →    小包装 → 检验 --Yes--> 发运
```

| 是否建立生产加工记录管理程序？ | 是 |
|---|---|
| 是否建立批次号追溯体系？ | 是 |
| 是否存在平行生产？具体原料运输、加工及储藏各环节中进行隔离与管理，避免交叉污染的措施 | 无平行生产 |

## 四 加工产品配料情况

| 产品名称 | 洋槐蜂蜜 | 年产量(吨) | 160 | 出成率(%) | 80 |
|---|---|---|---|---|---|

| 主辅料使用情况表 ||||
|---|---|---|---|
| 名称 | 比例(%) | 年用量(吨) | 来源 |
| 洋槐蜂蜜 | 100 | 200 | 爷台山基地 |
|  |  |  |  |
|  |  |  |  |
|  |  |  |  |

| 食品添加剂使用情况 |||||
|---|---|---|---|---|
| 名称 | 比例(‰) | 年用量(吨) | 用途 | 来源 |
| 无 |  |  |  |  |
|  |  |  |  |  |
|  |  |  |  |  |

| 加工助剂使用情况 |||||
|---|---|---|---|---|
| 名称 | 有效成分 | 年用量(吨) | 用途 | 来源 |
| 无 |  |  |  |  |
|  |  |  |  |  |

| | |
|---|---|
| 是否使用加工水?请说明其来源、年用量(吨)、作用,并说明是否使用净水设备 | 不使用加工水,仅在清洗车间、设备等时用水 |
| 主辅料是否有预处理过程?如是,请提供预处理工艺流程、方法、使用物质名称和预处理场所 | 无预处理 |

注:1. 相关标准见《绿色食品 食品添加剂使用准则》(NY/T 392)。
    2. 主辅料"比例(%)"应扣除加入的水后计算。

## 五　平行加工

| | |
|---|---|
| 是否存在平行生产？如是，请列出常规产品的名称、执行标准和生产规模 | 无平行生产 |
| 请说明常规产品及非绿色食品产品在申请人生产总量中所占的比例 | 洋槐蜂蜜无常规生产 |
| 请详细说明常规及非绿色食品产品在工艺流程上与绿色食品产品的区别 | 洋槐蜂蜜无常规及非绿色食品产品 |
| 在原料运输、加工及储藏各环节中进行隔离与管理，避免交叉污染的措施 | ☑ 从空间上隔离（不同的加工设备）<br>□ 从时间上隔离（相同的加工设备）<br>□ 其他措施，请具体描述： |

## 六　包装、储藏和运输

| | |
|---|---|
| 包装材料（来源、材质）、包装充填剂 | 玻璃瓶 |
| 包装使用情况 | □ 可重复使用　☑ 可回收利用<br>□ 可降解 |
| 库房是否远离粉尘、污水等污染源和生活区等潜在污染源？ | 是 |
| 库房是否能满足需要及类型（常温、冷藏或气调等） | 能满足需要，冷藏 |
| 申报产品是否与常规产品同库储藏？如是，请简述区分方法 | 否 |
| 说明运输方式及运输工具 | 汽车运输 |

注：相关标准见《绿色食品　包装通用准则》（NY/T 658）和《绿色食品　储藏运输准则》（NY/T 1056）。

## 七 设备清洗、维护及有害生物防治

| | |
|---|---|
| 加工车间、设备所使用的清洗、消毒方法及物质 | 75%酒精擦拭 |
| 包装车间、设备的清洁、消毒、杀菌方式方法 | 臭氧或紫外线消毒,82℃以上热水冲洗,75%酒精擦拭 |
| 库房中消毒、杀菌、防虫、防鼠的措施,所用设备及药品的名称、使用方法、用量 | 库房入口设置挡鼠板、悬挂灭蝇灯等,地面定期喷洒酒精杀菌消毒 |

## 八 废弃物处理及环境保护措施

| | |
|---|---|
| 加工过程中产生污水的处理方式、排放措施和渠道 | 蜂蜜灌装生产期间清洗管道和冷凝工艺产生废水,按照当地环保要求进行物理沉降和芦苇塘生物降解后排放 |
| 加工过程中产生废弃物的处理措施 | 加工过程中产生的废包装材料、生产垃圾、一般废弃物集中存放,由仓管员定期出售给废品回收公司和垃圾回收站,并做好记录;生产部每月对废品、废料进行统计,必要时进行分析评价 |
| 其他环境保护措施 | 生产及附近区域日常巡查监测,防止环境污染,建立生产保护区 |

填表人(签字):孙为民    内检员(签字):孙为民

### (二)质量管理控制规范编制范例

绿色食品质量控制规范范例如下。其内容仅供参考,申请人应根据本企业实际情况编制相应的质量控制规范并遵照执行。

# 蜂场质量控制规范

为做好蜂场的生产管理、技术培训、收购和贮运等工作，严格执行绿色食品相关准则标准，保证各项工作顺利实施，特制定本制度。

## 1 管理部门

为确保绿色食品蜜源质量，蜂场由副总经理直接负责管理，分设基地管理科、生产科、供销科。

### 1.1 基地管理科

（1）在副总经理领导下，全面负责绿色食品基地的管理工作，完成本部门职责范围内的各项任务。

（2）贯彻落实本部门岗位责任制和工作标准，密切与计划、财务、生产、供销等部门的协作。

（3）确保各项绿色食品生产技术措施落实到位，确保绿色食品生产资料合理使用。

（4）如发现不符合养殖生产操作规程的现象，要及时制止并向公司汇报，公司应根据具体情况实施相应的补救措施。

（5）配合技术开发部门制定技术标准、生产工艺流程，及时安排、组织生产，不断提高公司产品市场竞争力。

（6）抓好生产统计核算工作。重视生产原始记录、台账、报表的管理工作。

### 1.2 生产科

（1）负责绿色蜜源基地的生产管理，确保用于生产的蜂产品原料符合绿色食品标准。

（2）养殖工作人员必须钻研业务，熟悉公司制定的绿色食品蜂产品各项生产技术规程，不断提高业务水平。

（3）组织养殖人员落实养殖操作规程，并进行监督。

（4）负责对养殖技术人员进行技术指导和生产培训，指导养殖人员按标准对蜂场、用具、蜂箱等进行消毒，按要求使用蜂药，并对养殖全过程进行跟踪，确保蜜源质量。

（5）对养殖过程中出现的违反操作规程的现象，要及时制止并纠正，造成损失的，要追究相关人员的责任。

### 1.3 基地供销科

（1）负责对基地消毒用品、药品、用具等生产资料的统一管理，确保其质量满足绿色食品生产的要求。

（2）基地用品须从定点供货单位进货，不得随意变更进货渠道。

（3）生产资料存放须专人管理，不得乱堆乱放。

（4）生产资料必须在有效期内使用，过期的生产资料不得发放，由公司统一处理。

（5）物品必须按需要发放和使用，不得多发或少发。

（6）管理人员做好进出货记录。

## 2 内部检查员

为定期进行质量管理体系内部检查，以验证体系是否符合绿色生产要求，并评定管理体系运行的有效性和适宜性，确保质量管理体系被正确实施和保持，特设立内部检查员岗位。

## 2.1 权限范围

适用于公司的内部监督检查。

## 2.2 岗位职责

（1）主持绿色食品内部质量管理体系工作。

（2）全面了解绿色食品养殖、加工生产操作规程。

（3）制订内部检查实施计划，按内部检查的实施计划执行内部检查。

## 2.3 控制要点

（1）公司按内部检查计划进行内部检查，每年至少安排1次。

（2）根据拟检查过程和区域的实际情况以及以往的检查结果，拟定内部检查方案。

（3）确保内部检查过程的客观和公正。

（4）对公司"追踪体系"全过程的记录进行签字确认，发现问题及时采取纠正措施。

（5）向生产负责人汇报内部检查结果，检查结果作为考评各部门的依据。

西安市××蜂蜜加工厂

20××年

### （三）生产操作规程编制范例

生产操作规程编制范例如下。其内容仅供参考，申请人应根据本企业实际情况编制相应的生产操作规程并遵照执行。

# 绿色食品中华蜜蜂蜂蜜生产操作规程

## 1 范围

本规程规定了绿色食品中华蜜蜂蜂蜜生产中产地环境、蜂种选择、人员管理、饲养管理、防疫消毒、蜜蜂病敌害防治、蜂蜜采收和加工、生产废弃物处理和生产记录档案等各环节的技术要求。

本规程适用于绿色食品中华蜜蜂蜂蜜的生产。

## 2 规范性引用文件

下列文件对于本规程的应用是必不可少的,其最新版本(包括所有的修改单)适用于本规程。

NY/T 391 绿色食品 产地环境质量

NY/T 393 绿色食品 农药使用准则

NY/T 394 绿色食品 肥料使用准则

NY/T 471 绿色食品 饲料及饲料添加剂使用准则

NY/T 472 绿色食品 兽药使用准则

NY/T 658 绿色食品 包装通用准则

NY/T 752 绿色食品 蜂产品

NY/T 1056 绿色食品 储藏运输准则

## 3 产地环境

**3.1** 蜂场附近空气质量、水质符合 NY/T 391 中环境空气质量和畜牧养殖用水水质的要求。

**3.2** 蜂场场址应选择地势高燥、背风、有遮阴植被或设施、安静、小气候适宜的场所。

**3.3** 蜂场周围 3 千米范围无糖厂、化工厂、农药厂、工矿企业、畜禽饲养场及垃圾场。

**3.4** 蜂场距离公路、铁路 50 米以上，远离村庄、城镇、车站等人口活动区。

**3.5** 蜂场周围 5 千米范围内无雷公藤、博落回、狼毒等有毒蜜源植物。

**3.6** 蜂场周围 3 千米范围内应具备丰富的主要蜜粉源植物和辅助蜜粉源植物。

**3.7** 蜜粉源植物的农药种类和使用应符合 NY/T 393 的规定，肥料种类和使用应符合 NY/T 394 的规定。

## 4 蜂种选择

**4.1** 选用对当地气候、蜜粉源植物适应性良好、抗逆能力强、能维持强群、采集力强的蜜蜂品种。

**4.2** 确需引种时应就近引入，慎重从气候、蜜粉源条件差异较大的地区引种。禁止从疫区引进蜂王或蜂群。

## 5 人员要求

**5.1** 饲养人员应了解中华蜜蜂的习性，掌握中华蜜蜂饲养技术，能对蜜蜂实施良好管理。

**5.2** 养蜂和蜂产品加工人员每年至少进行 1 次身体健康检查，传染病患者禁止从事中华蜜蜂饲养和蜂蜜加工工作。

## 6 饲养管理

### 6.1 蜂群摆放

应根据饲养规模和场地大小确定蜂群摆放方式。根据地形、地势尽可能将蜂群分散摆放，使用支架等支撑物架高蜂箱使其脱离地面，蜂箱放置要稳定、平衡。邻近蜂群的巢门朝向应尽可能错开或在蜂箱附近设置标志物，以防蜜蜂迷巢错投。

**6.2 蜂群饲喂**

**6.2.1** 应常年保证蜂群蜜粉饲料充足和水的供应。饲料的来源和使用应符合 NY/T 471 的规定。

**6.2.2** 巢内贮蜜不足时，应优先补入蜜脾，补喂蜂蜜水应在夜晚进行，饲喂量以当晚吃完为宜，严格防范盗蜂。饲喂的花粉应以新鲜花粉为好。饲喂蜂群的蜂蜜和花粉应经灭菌处理。重金属污染、发酵的蜂蜜以及生虫、霉变的花粉不得用作蜜蜂饲料。

**6.3 更换蜂王**

结合当地自然条件，在分蜂季节前培育蜂王，在主要蜜源期来临前更换老王，保证蜂王每年至少更新1次。

**6.4 防止逃蜂**

**6.4.1** 蜂场尽量选在环境安静的地方，避免剧烈震动和噪声。防止蜂箱在阳光下暴晒。

**6.4.2** 应保证蜂群健康，饲养强群，避免蜂群过弱，注意预防盗蜂。

**6.4.3** 非必要不开箱检查蜂群，避免经常性的人为干扰。

**6.4.4** 注意防止胡蜂以及巢虫等敌害，一旦发现及时捕杀、扑打和清除。

**6.5 控制分蜂热**

**6.5.1** 选用分蜂性弱、能维持大群的优良蜂种，在分蜂期到来前提前更换老、劣蜂王。

**6.5.2** 选用具有较大伸缩空间的蜂箱，在蜂群发展期及时加入巢脾以扩大蜂巢，为蜂群提供足够的发展空间。

**6.5.3** 在外界有蜜粉源时，及时加入巢础，促使蜂群多造脾，加重蜂群负担，预防分蜂热。

**6.5.4** 对有分蜂热的蜂群，可将蜂群中的老熟子脾提出，调入弱群中的卵虫脾，增加蜂群的哺育负担，以解除分蜂热。

**6.5.5** 扩大巢门和蜂路，注意防暑遮阴、避免阳光直射巢门，加强蜂群检查、及时清除王台。

### 6.6 越夏管理

**6.6.1** 越夏前更换蜂王，合并弱群。抽掉旧脾、劣脾，保持蜂多于脾或蜂脾相称，给蜂群留足饲料。

**6.6.2** 将蜂群安置在稀疏树林或其他有遮阴的地方，避免蜂箱在烈日下暴晒。缺水的蜂场设置人工饮水器。南方地区进入雨季后，蜂箱加盖防雨棚，蜂群搬离土质疏松的山坡和低洼地带，避免地质灾害和洪涝造成损失。

**6.6.3** 定期清理蜂箱底部，注意防范胡蜂、大蜡螟、蟾蜍、蚂蚁、鸟类等为害蜂群。

**6.6.4** 减少开箱检查，多做箱外观察，谨防盗蜂和蜜蜂飞逃。

### 6.7 越冬管理

**6.7.1** 提前培育适龄越冬蜂，越冬前更换老、劣蜂王。

**6.7.2** 蜂群放置在背风、地势高燥且安静的地方，适当进行蜂箱内、外保温。

**6.7.3** 蜂群内备足越冬饲料。

**6.7.4** 每10天左右进行一次箱外观察，及时清除巢门口的死蜂和杂物，保持巢门畅通，发现蜂群异常时开箱检查处理。

## 7 防疫消毒

### 7.1 消毒剂的选择

根据消毒对象采取合适的消毒剂,应选用对人和蜜蜂安全、没有残留毒性、对养蜂设备没有破坏性,并且不会在蜂蜜中产生有毒积累的消毒剂。

### 7.2 场地消毒

**7.2.1** 蜂场启用前先进行消毒,每个季节对蜂场使用 5% 的漂白粉乳剂喷洒消毒 1 次。

**7.2.2** 每周清理 1 次蜂场死蜂,及时烧毁或深埋。

### 7.3 养蜂工具的防疫消毒

**7.3.1** 木制蜂箱、竹制隔王板、隔王栅、饲喂器在使用前可用酒精喷灯火焰灼烧消毒,每年至少消毒 1 次。塑料隔王板、塑料饲喂器、塑料脱粉器可用 0.2% 过氧乙酸或 0.1% 新洁尔灭水溶液洗刷消毒,消毒后用清水漂洗干净。

**7.3.2** 起刮刀和割蜜刀在使用后要及时清洗干净、妥善保存,使用前用火焰灼烧法或 75% 的酒精擦拭消毒。

**7.3.3** 蜂扫和工作服可经常用 4% 的碳酸钠水溶液清洗后日光暴晒,防止有霉渍。

### 7.4 巢脾的消毒与保管

**7.4.1** 选用 0.1% 次氯酸钠、0.2% 过氧乙酸或 0.1% 新洁尔灭水溶液浸泡 12 小时以上,对空巢脾进行消毒,消毒后的巢脾要用清水漂洗、晾干。

**7.4.2** 巢脾保管储存前用 96%~98% 的冰乙酸密闭熏蒸,每箱体使用量为 20~30 毫升,以防止大蜡螟、小蜡螟为害巢脾。保存巢脾的仓库应清洁卫生、阴凉、干燥、通风，以避免巢脾霉变。

## 8 蜜蜂病敌害的防治

### 8.1 蜜蜂病敌害的预防

**8.1.1** 遵循"预防为主，综合防治"的方针，加强蜂群管理，增强蜜蜂的免疫力，发生病害时应优先考虑物理防治和生物防治措施，必要时再使用化学药剂防控。

**8.1.2** 坚持常年饲养强群、保持蜂机具清洁卫生，减少蜜蜂疾病的发生。

**8.1.3** 发现蜂群生病后应及时隔离并积极治疗，久治不愈的蜂群应采取焚烧或深埋措施及时销毁。

### 8.2 蜜蜂病害的治疗

禁止使用禁限用兽药，用药应符合NY/T 472的规定。推荐使用的药物名称、使用量及使用方法等参见附录A。

## 9 蜂蜜采收和加工

### 9.1 蜂蜜生产规则

**9.1.1** 患病蜂群或治疗期的蜂群不得用于生产商品蜂蜜。

**9.1.2** 摇蜜机、蜂蜜桶等用于蜂蜜生产的设备及用具应为食品级材质，对人和蜜蜂应无毒无害。

**9.1.3** 蜂蜜生产前后应对所有与蜂蜜直接接触的用具进行清洗消毒，晾干后备用。

**9.1.4** 在蜜源植物施药期间，禁止蜂蜜生产。

### 9.2 蜂蜜生产期管理

**9.2.1** 蜂蜜的采收应在室内或帐篷内进行，取蜜场所应清洁卫生，禁止露天取蜜。

**9.2.2** 蜂群取蜜时，应分批取出，不可一次取净，给蜜蜂留足饲料，以防止蜜蜂飞逃。

**9.2.3** 取出的封盖蜜脾，放入室温不超过38℃的干燥室内干燥3~5天，待蜜脾中蜂蜜水分符合NY/T 752要求再割开蜡盖取蜜。

**9.2.4** 取出的蜂蜜，按需求及时过滤杂质，装入储蜜容器后密封入库保存。贴上标签，做好记录。

### 9.3 蜂蜜加工

结晶蜂蜜于环境温度不超过45℃（蜜温不超过38℃）的条件下软化（不改变结晶状态）3~5天，达到灌装条件后进行灌装；不结晶蜂蜜可直接灌装。灌装好的蜂蜜贴标签、检验符合NY/T 752要求后，成品入库保存。

### 9.4 蜂蜜的包装、储藏和运输

包装应符合NY/T 658的规定。储藏和运输应符合NY/T 1056的规定。储存场地应阴凉干燥、清洁卫生，远离污染源，不得与有毒、有害、有异味物质同库。

## 10 生产废弃物的处理

生产过程中产生的封盖蜡、蜡屑等废弃物要及时化蜡或深埋，生活垃圾要及时清出蜂场，合理集中处理。

## 11 生产记录档案

建立蜜蜂饲养和蜂蜜采收、加工档案。蜜蜂饲养档案包括投入品采购、使用、饲养和处理记录，疾病防治记录等。采收档案包括采收日期、蜜源种类、数量、采收人及采收地点等记录。加工档案包括原料名称、投料数量、投料日期、产品批号、产品规格及生产数量等记录。记录内容应完整、真实、准确,保存期限不少于3年。

## 附录 A
### (资料性附录)
### 蜜蜂疾病防治参考用药

| 防治对象 | 防治药物 | 配比 | 使用方法 | 备注 |
| --- | --- | --- | --- | --- |
| 孢子虫病 | 柠檬酸 | 柠檬酸:糖浆=2克:1千克 | 结合奖励饲喂,任选其中一种喂蜂 | 越冬饲料不喂柠檬酸,以防结晶 |
| | 白米醋 | 米醋:糖浆=50毫升:1千克 | | 不要使用含盐分高的米醋 |
| | 山楂水 | 山楂水:糖浆=50毫升:1千克 | | |
| | 半枝莲 | 50克 | 从配方中任选一种,加入适量的水煎煮后滤去药渣,滤液按1:1比例加入白糖,完全溶解后喂蜂,每剂可喂10~15框蜂 | 也可使用蜂胶溶液 |
| | 五加皮、金银花、桂枝、甘草 | 五加皮30克、金银花15克、桂枝9克、甘草6克 | | |

### (四)基地来源证明材料范例

基地来源证明材料范例如下。其内容仅供参考,申请人应根据本企业实际情况提供真实材料。

# 联合养蜂协议

甲方：西安市××蜂蜜加工厂（收购方）

乙方：×××养蜂合作社　　（养殖方）

根据《中华人民共和国合同法》及其他有关法律法规的规定，甲乙双方在平等、自愿、公平、协商一致的基础上，乙方自愿加入甲方的联合养蜂场，开发生产绿色蜂产品，甲方也同意给乙方投资养蜂设施，扩大乙方的养殖规模，甲乙双方达成协议如下。

一、甲方的权利和义务

（1）甲方无偿投资乙方养蜂设施，主要包括帐篷1套、不锈钢摇蜜机1个、新蜂箱××套，合计价值×××元。

（2）甲方负责蜂具的统一供应，乙方出资购买。

（3）甲方对乙方进行技术指导和培训，免费发放培训资料。

（4）甲方对乙方进行组织管理，指定乙方的放蜂路线和地域，并负责解决乙方在放蜂过程中出现的一切问题。

（5）乙方按照甲方要求每年在4月25日至5月20日在××县生产合格的绿色蜂产品，经权第三方机构测合格后，甲方按照约定好的收购价格进行收购。

二、乙方的权利和义务

（1）乙方必须认真学习绿色食品蜂产品生产规范，按照绿色食品蜂产品生产规范进行原料生产。加强行业自律和自身约束，严禁掺假使杂和其他不规范行为。

（2）乙方必须接受甲方的统一管理，必须按照甲方要求进行蜂群的强群强养。

（3）乙方必须按照甲方指定的放蜂路线和区域放蜂。

（4）乙方必须按照甲方要求进行绿色食品蜂产品生产，原则上要求7天取一次蜜，蜂蜜浓度必须在41.5波美度以上，其他相关指标要符合绿色蜂产品要求。

（5）乙方生产的蜂产品必须全部交售给甲方，不得销售给其他单位或个人。

三、违约责任

（1）甲乙双方必须按照以上权利及义务进行合作，乙方如出现第二条第（1）款或第（5）款禁止的情况，甲方则收回投资，并且乙方向甲方支付蜂场投资总额10%的违约金。

（2）甲方如因非产品质量问题，未按照约定价格收购乙方蜂产品，甲方应支付乙方蜂场投资总额10%的违约金。

四、其他约定

（1）双方合作期限为5年，由于自然灾害、重大灾情等不可抗力造成的蜂场重大损失，甲乙双方应按照国家有关规定协商解决。

（2）本合同未尽事宜，另行协商解决。

（3）纠纷处理办法：甲乙双方协商解决或由××区人民法院裁决。

（4）本合同一式两份，甲乙双方各执一份。

甲方：西安市××蜂蜜加工厂　　乙方：×××养蜂合作社

时间：202×年×月×日　　时间：202×年×月×日

### （五）基地图与加工厂平面图范例

基地图范例如图4-2所示，加工厂平面图范例如图4-3所示。

其内容仅供参考，申请人应根据自身实际情况绘制基地图与加工厂平面图。

图 4-2 西安 ×× 蜂蜜加工厂蜜源基地图范例

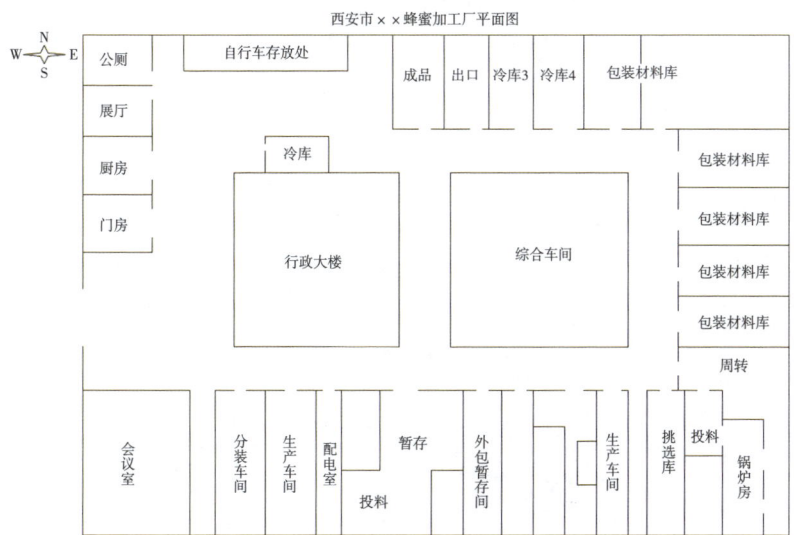

图 4-3 蜂蜜加工厂平面图范例

## （六）预包装标签设计样张范例

产品预包装标签范例如图4-4所示。其内容仅供参考，申请人应根据产品包装实际情况提供。

## （七）其他相关材料范例

营业执照范例如图4-5所示，食品生产许可证及其明细表范例如图4-6和图4-7所示，商标注册证范例如图4-8所示，绿色食品内部检查员培训合格证书范例如图4-9所示，国家追溯平台生产经营主体注册信息表范例如图4-10所示。

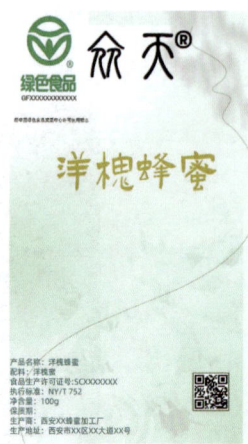

图 4-4 产品预包装标签范例

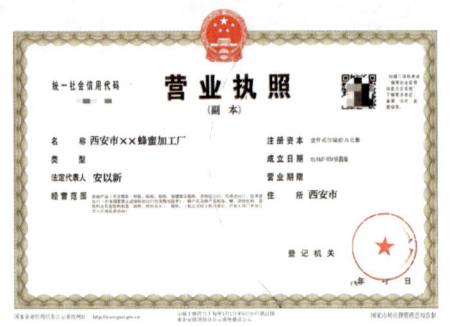

图 4-5 营业执照范例

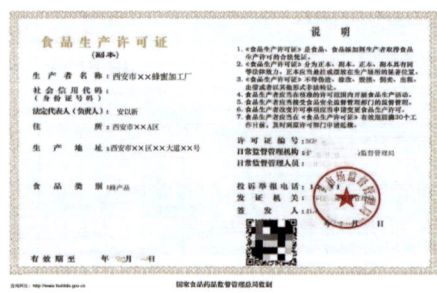

图 4-6 食品生产许可证范例

图 4-7 食品生产许可证明细表范例

第四章 绿色食品蜂产品申报范例

图 4-8　商标注册证范例　　图 4-9　绿色食品内部检查员培训合格证书范例

图 4-10　国家追溯平台生产经营主体注册信息表范例

## 二、蜂产品（意大利蜂）申报范例

荆条蜜和油菜花蜜以湖北××有限公司初次申请绿色食品申报材料为例，示例中涉及的申请主体隐私内容已经处理隐藏，示例中养殖环境照片仅作为环境示例。湖北××有限公司成立于1997年，具备蜂产品的生产、经营、出口等资质，是湖北省优秀蜂产品企业。该公司在湖北省内拥有××等几大养蜂基地，建立了从蜂场到餐桌的溯源体系。主要养殖意大利蜂（简称意蜂），蜜源基地位于××县（图4-11）。蜜源植物主要是荆条、油菜花，养殖1 825箱蜂。蜜源基地有丰富的自然资源，生态环境良好。该生产主体养殖过程中坚持按绿色食品相关标准要求进行日常生产管理，随着绿色食品的口碑不断提升，该生产主体为进一步提高荆条蜜和油菜花蜜的市场知名度，于20××年申报绿色食品。

图4-11　湖北××有限公司蜜源基地

### （一）申请书和调查表填写范例
**1.《绿色食品标志使用申请书》**

《绿色食品标志使用申请书》填写范例如下。其中所填写内容仅供参考，申请人应根据本企业实际情况填写。

CGFDC-SQ-01/2019

# 绿色食品标志使用申请书

初次申请☑  续展申请☐  增报申请☐

申请人（盖章）　湖北××有限公司
申 请 日 期 20××年××月××日

中国绿色食品发展中心

## 填 写 说 明

一、本申请书一式三份，中国绿色食品发展中心、省级工作机构和申请人各一份。

二、本表应如实填写，所有栏目不得空缺，未填部分应说明理由。

三、本申请书无签名、盖章无效。

四、申请书的内容可打印或用蓝、黑钢笔或签字笔填写，语言规范准确、印章（签名）端正清晰。

五、申请书可从中国绿色食品发展中心网站下载，用A4纸打印。

六、本申请书由中国绿色食品发展中心负责解释。

## 保 证 声 明

我单位已仔细阅读《绿色食品标志管理办法》有关内容，充分了解绿色食品相关标准和技术规范等有关规定，自愿向中国绿色食品发展中心申请使用绿色食品标志。现郑重声明如下：

1. 保证《绿色食品标志使用申请书》中填写的内容和提供的有关材料全部真实、准确，如有虚假成分，我单位愿承担法律责任。

2. 保证申请前三年内无质量安全事故和不良诚信记录。

3. 保证严格按《绿色食品标志管理办法》、绿色食品相关标准和技术规范等有关规定组织生产、加工和销售。

4. 保证开放所有生产环节，接受中国绿色食品发展中心组织实施的现场检查和年度检查。

5. 凡因产品质量问题给绿色食品事业造成的不良影响，愿接受中国绿色食品发展中心所作的决定，并承担经济和法律责任。

法定代表人（签字）： 肖天时　　申请人（盖章）

20××年××月××日

## 一　申请人基本情况

| 申请人（中文） | 湖北××有限公司 | | | | |
|---|---|---|---|---|---|
| 申请人（英文） | 无 | | | | |
| 联系地址 | 湖北省武汉市××区××工业园 | | | 邮编 | 430200 |
| 网址 | 无 | | | | |
| 统一社会信用代码 | 91420115707××××××× | | | | |
| 食品生产许可证号 | SC12642×××××××× | | | | |
| 商标注册证号 | 第2021×××号 | | | | |
| 企业法定代表人 | 肖天时 | 座机 | 027-5235×××× | 手机 | 13512345678 |
| 联系人 | 肖天时 | 座机 | 027-5235×××× | 手机 | 15012345678 |
| 内检员 | 郑前 | 座机 | 027-5235×××× | 手机 | 15812345678 |
| 传真 | 027-5235×××× | E-mail | 12345678@qq.com | | |
| 龙头企业 | 　 | 国家级□　省（市）级□　地市级☑ | | | |
| 年生产总值（万元） | 289.9 | | 年利润（万元） | | 43.49 |
| 申请人简介 | 湖北××有限公司成立于1997年，现有注册资本1 260万元，是一家专业从事蜂产品的收购、加工、销售和进出口贸易的专业企业。占地面积76亩，建筑面积4万米$^2$，拥有固定资产3亿元，现有员工385人，技术力量强，有专业检测设备20多台套，具备独立检测条件，是湖北省蜂蜜行业标准制定的参与者。2008年公司产品被评定为"湖北省名牌产品"，并取得危害分析和关键点控制（HACCP）认证证书。2010年，公司被评为武汉市农业产业化龙头企业。2020年，公司被评为武汉市江夏区名优地产品。公司在湖北省内拥有××等几大养蜂基地，建立了从蜂场到餐桌的溯源体系，主导产品在湖北省市场占有率连续10年位居第一。公司具备系列蜂产品的生产、经营、出口等资质，是湖北省优秀蜂产品企业 | | | | |

注：申请人为非商标持有人，须附相关授权使用的证明材料。

## 二　申请产品基本情况

| 产品名称 | 商标 | 产量（吨） | 是否有包装 | 包装规格 | 绿色食品包装印刷数量 | 备注 |
|---|---|---|---|---|---|---|
| 荆条蜂蜜 | 天时+拼音+图形 | 39.2 | 有 | 100克/件 | 39.2万件 | |
| 油菜花蜜 | 天时+拼音+图形 | 5.0 | 有 | 500克/件 | 1万件 | |
| | | | | | | |

注：续展产品名称、商标变化等情况需在备注栏中说明。

## 三　申请产品销售情况

| 产品名称 | 年产值（万元） | 年销售额（万元） | 年出口量（吨） | 年出口额（万美元） |
|---|---|---|---|---|
| 荆条蜂蜜 | 80 | 80 | / | / |
| 油菜花蜜 | 130 | 130 | / | / |
| | | | | |

填表人（签字）：郑前　　　　　内检员（签字）：郑前

注：内检员适用于已有中国绿色食品发展中心注册内检员的申请人。

2.《种植产品调查表》

《种植产品调查表》填写范例如下。其中所填写内容仅供参考，申请人应根据本企业实际情况填写。

CGFDC-SQ-02/2022

# 种植产品调查表

申请人（盖章）　<u>湖北××有限公司</u>

申　请　日　期<u>20××年××月××日</u>

中国绿色食品发展中心

## 填表说明

一、本表适用于收获后，不添加任何配料和添加剂，只进行清洁、脱粒、干燥、分选等简单物理处理过程的产品（或原料），如原粮、新鲜果蔬、饲料原料等。

二、本表一式三份，中国绿色食品发展中心、省级工作机构和申请人各一份。

三、本表应如实填写，所有栏目不得空缺，未填部分应说明理由。

四、本表无签字、盖章无效。

五、本表的内容可打印或用蓝、黑钢笔或签字笔填写，语言规范准确、印章（签名）端正清晰。

六、本表可从中国绿色食品发展中心网站下载，用A4纸打印。

七、本表由中国绿色食品发展中心负责解释。

## 一　种植产品基本情况

| 作物名称 | 种植面积（万亩） | 年产量（吨） | 基地类型 | 基地位置（具体到村） |
|---|---|---|---|---|
| 油菜 | 0.038 | 油菜薹380吨 | C | 湖北省××县××农业生产区 |
| 油菜 | 1.000 | 仅作油菜蜂蜜的蜜源地 | D | 湖北省××县××农业生产区 |
| 荆条树 | 1.500 | 仅作荆条蜂蜜的蜜源地 | 其他 | 湖北省××县××村 |

注：基地类型填写自有基地（A）、基地入股型合作社（B）、流转土地统一经营（C）、公司＋合作社（农户）（D）、全国绿色食品原料标准化生产基地（E）。

## 二　产地环境基本情况

| | |
|---|---|
| 产地是否位于生态环境良好、无污染地区，是否避开污染源？ | 油菜产地位于××农业生产区，生态环境良好、无污染；荆条树生长在湖北省××县××村，位于山区，生态环境良好、无污染 |
| 产地是否距离公路、铁路、生活区50米以上，距离工矿企业1千米以上？ | 油菜和荆条树产地距离公路、铁路、生活区50米以上，距离工矿企业1千米以上 |
| 绿色食品生产区和常规生产区域之间是否有缓冲带或物理屏障？请具体描述 | 绿色食品油菜生产区和常规生产区域之间有沟渠、公路作为缓冲和隔离；荆条树生产区为天然山林区域，有得天独厚的自然屏障 |

注：相关标准见《绿色食品　产地环境质量》（NY/T 391）和《绿色食品　产地环境调查、监测与评价规范》（NY/T 1054）。

## 三　种子（种苗）处理

| | |
|---|---|
| 种子（种苗）来源 | 油菜种子外购，种子供应商为××××；荆条树为多年生野生植物 |
| 种子（种苗）是否经过包衣等处理？请具体描述处理方法 | 种子无包衣处理 |
| 播种（育苗）时间 | 油菜于9月播种；荆条树为多年生野生植物，不涉及播种（育苗） |

注：已进入收获期的多年生作物（如果树、茶树等）应说明。

## 四 栽培措施和土壤培肥

| 采用何种耕作模式（轮作、间作或套作）？请具体描述 | 油菜进行轮作，模式有油菜—水稻、油菜薹—蔬菜；荆条树不涉及 |
|---|---|
| 采用何种栽培类型（露地、保护地或其他）？ | 均为露地生长 |
| 是否休耕？ | 否 |

秸秆、农家肥等使用情况

| 名称 | 来源 | 年用量（吨/亩） | 无害化处理方法 |
|---|---|---|---|
| 秸秆 | / | / | / |
| 绿肥 | / | / | / |
| 堆肥 | 养殖场 | 2 | 发酵腐熟 |
| 沼肥 | / | / | / |
|  |  |  |  |

注："秸秆、农家肥等使用情况"不限于表中所列品种，视具体使用情况填写。

## 五 有机肥使用情况

| 作物名称 | 肥料名称 | 年用量（吨/亩） | 商品有机肥有效成分氮磷钾总量（%） | 有机质含量（%） | 来源 | 无害化处理 |
|---|---|---|---|---|---|---|
| 油菜 | 有机肥 | 0.5 | 5 | 40 | 外购 | / |
| 荆条树 | / | / | / | / | / | / |
|  |  |  |  |  |  |  |

注：该表应根据不同作物名称依次填写，包括商品有机肥和饼肥。

## 六 化学肥料使用情况

| 作物名称 | 肥料名称 | 有效成分（%） | | | 施用方法 | 施用量（千克/亩） |
|---|---|---|---|---|---|---|
| | | 氮 | 磷 | 钾 | | |
| 油菜 | 复合肥 | 19 | 5 | 21 | 撒施旋耕基肥 | 30 |
|  | 尿素 | 46.4 | / | / | 随浇水施追肥 | 3 |
| 荆条树 | / | / | / | / | / | / |
|  |  |  |  |  |  |  |

注：1. 相关标准见《绿色食品 肥料使用准则》（NY/T 394）。
2. 该表应根据不同作物名称依次填写。
3. 该表包括有机—无机复混肥使用情况。

## 七　病虫草害农业、物理和生物防治措施

| 当地常见病虫草害 | （1）油菜：菜青虫、蚜虫、小菜蛾<br>（2）荆条树：主要有叶枯病等 |
|---|---|
| 简述减少病虫草害发生的生态及农业措施 | （1）油菜：①因地制宜选用抗（耐）病优良品种；②加强栽培管理，提高植株抗病性，控制温度、湿度，保持适宜的肥水；深沟高畦，防积水；清洁田园，将残枝败叶和杂草清理干净；③合理布局，实行轮作倒茬，加强中耕除草，降低病虫源数量；④平衡施肥，增施有机肥<br>（2）荆条树：为多年生野生植物，不涉及 |
| 采用何种物理防治措施？请具体描述防治方法和防治对象 | （1）油菜：采用黄蓝板和频振杀虫灯等诱杀蚜虫、粉虱、蓟马和鳞翅目害虫；草害严重的田块，覆盖黑色、黑白双面地膜除草<br>（2）荆条树：为多年生野生植物，不涉及 |
| 采用何种生物防治措施？请具体描述防治方法和防治对象 | （1）油菜：保护天敌，创造有利于天敌生存的环境条件，选择对天敌杀伤力低的农药；释放天敌，如捕食螨、寄生蜂等<br>（2）荆条树：为多年生野生植物，不涉及 |

注：若有间作或套作作物，请同时填写其病虫草害防治措施。

## 八　病虫草害防治农药使用情况

| 作物名称 | 农药名称 | 防治对象 |
|---|---|---|
| 油菜 | 噻虫嗪 | 蚜虫 |
| 油菜 | 多菌灵 | 菌核病 |
| 油菜 | 乙蒜素 | 霜霉病 |
| 荆条树 | 野生植物未使用 | / |

注：1. 相关标准见《农药合理使用准则》（GB/T 8321）和《绿色食品　农药使用准则》（NY/T 393）。
　　2. 若有间作或套作作物，请同时填写其病虫草害农药使用情况。
　　3. 该表应根据不同作物名称依次填写。

## 九 灌溉情况

| 作物名称 | 是否灌溉 | 灌溉水来源 | 灌溉方式 | 全年灌溉用水量（吨/亩） |
|---|---|---|---|---|
| 油菜 | 是 | 附近池塘水 | 沟灌 | 300 |
| 荆条树 | 否 | / | / | / |
|  |  |  |  |  |

## 十 收获后处理及初加工

| 收获时间 | 油菜薹收获时间从翌年1月开始；荆条花仅作蜜蜂采荆条花蜜用 |
|---|---|
| 收获后是否有清洁过程？请描述方法 | 否 |
| 收获后是否对产品进行挑选、分级？请描述方法 | 油菜薹是根据产品实际质量进行人工挑选 |
| 收获后是否有干燥过程？请描述方法 | 否 |
| 收获后是否采取保鲜措施？请描述方法 | 是，收获后将包装好的产品预冷，然后放入冷库进行保鲜 |
| 收获后是否需要进行其他预处理？请描述过程 | 是，收获后在室内筛选 |
| 使用何种包装材料？包装方式？ | 中转筐分装 |
| 仓储时采取何种措施防虫、防鼠、防潮？ | 专人负责冷库管理，产品入库后及时关闭冷库门 |
| 请说明如何防止绿色食品与非绿色食品混淆？ | 建立健全生产档案；明确产品标识；分类装筐入库 |

## 十一 废弃物处理及环境保护措施

废弃物处理：难降解的高分子化合物（如聚苯乙烯、聚丙烯、聚氯乙烯）等使用后形成的各类固体废物，集中统一存放，统一处理
环境保护措施：①建立基地保护区；②基地设立环境保护标识牌，注明基地名称和注意事项；③加强水、林、田、路综合治理，不断改善和提高基地生产条件和环境质量；④加强农田水利基本建设

填表人（签字）：郑前　　　　内检员（签字）：郑前

### 3.《蜂产品调查表》

《蜂产品调查表》填写范例如下。其中所填写内容仅供参考，申请人应根据本企业实际情况填写。

CGFDC-SQ-07/2022

# 蜂产品调查表

申请人（盖章） 湖北××有限公司

申请日期 2023 年 10 月 10 日

中国绿色食品发展中心

## 填表说明

一、本表适用于涉及蜜蜂养殖的相关产品，加工环节须填写《加工产品调查表》。

二、本表一式三份，中国绿色食品发展中心、省级工作机构和申请人各一份。

三、本表应如实填写，所有栏目不得空缺，未填部分应说明理由。

四、本表无签字、盖章无效。

五、本表的内容可打印或用蓝、黑钢笔或签字笔填写，语言规范准确、印章（签名）端正清晰。

六、本表可从中国绿色食品发展中心网站下载，用A4纸打印。

七、本表由中国绿色食品发展中心负责解释。

## 一  产地环境基本情况（蜜源地和蜂场）

| | |
|---|---|
| 基地位置（蜜源地和蜂场） | 基地位置：湖北省××县<br>蜂场位置：湖北省××县××村 |
| 产地是否位于生态环境良好、无污染地区？ | 产地生态环境良好、基地周边5千米范围内无污染源 |
| 产地是否远离工矿区、公路铁路干线、畜禽养殖场？ | 产地远离工矿区、公路铁路干线，无畜禽养殖场 |
| 产地周围5千米，主导风向的上风向20千米内是否有工矿污染源？ | 产地周围5千米，主导风向的上风向20千米内无工矿污染源 |
| 请描述产地及周边植物的农药、肥料等投入品使用情况 | 基地荆条、洋槐、野桂花、五倍子、枇杷、金银花为天然野生，不使用任何农药、肥料；种植油菜基地，购买有机肥和农药 |
| 请描述产地及周边的动植物生长、布局等情况 | 基地植物主要有荆条、洋槐、野桂花、五倍子、枇杷、金银花等；动物主要有鸟类、兔子、野猪等 |

注：相关标准见《绿色食品 产地环境质量》（NY/T391）和《绿色食品 产地环境调查、监测与评价规范》（NY/T1054）。

## 二  蜜源植物

| | | | |
|---|---|---|---|
| 蜜源植物名称 | 荆条等各种山花；油菜 | 流蜜时间（起止时间） | 4—9月 |
| 蜜源地规模（万亩） | 2.5 | | |
| 蜜源地常见病虫草害 | 狗尾草、牛筋草、丝茅草等有害野草 | | |
| 病虫草害防治方法。若使用农药，请明确农药名称、用量、防治对象和安全间隔期等内容 | 蜂场所在地的蜜源植物呈自然生长状态，未采取任何防治措施，对蜜源无影响 | | |
| 蜂场周围半径3～5千米范围内有毒有害蜜源植物 | 蜂场周围半径3～5千米范围内未见成规模有毒有害蜜源植物 | | |

注：不同蜜源植物应分别填写。

## 三　蜂　场

| 蜂种（中蜂、意蜂、黑蜂、无刺蜂） | 意蜂 | 蜂箱数 | 1 825箱 | 生产期采收次数 | 2～3次 |
|---|---|---|---|---|---|
| 蜂箱用何种材料制作 | 杉木 ||||||
| 巢础来源及材质 | 来源：××巢础加工厂；材质：黄蜡、白蜡 |||||
| 蜂场及蜂箱如何消毒，请明确消毒剂名称、用量、批准文号、使用时间、采蜜间隔期等内容 | ①入冬休蜜始期，用3%～5%食用碱水溶液洗涤箱、浸泡巢脾、蜂具1～2小时；②用10%～20%石灰乳水溶液刷越冬室、工作室、仓库墙壁、地面 |||||
| 蜂场如何培育蜂王 | 蜂场选择优势蜂种，进行人工培育 |||||
| 蜜蜂饮用水来源 | 自来水 |||||
| 是否转场饲养？转场期间是否饲喂？请具体描述 | 否（因基地蜜源植物丰富，无须转场） |||||

## 四　饲　喂

| 饲料名称 | 饲喂时间 | 用量（吨） | 来源 |
|---|---|---|---|
| 蜂蜜 | 10月至翌年3月 | 3～5 | 蜜蜂自产 |

注：1. 相关标准见《绿色食品　饲料及饲料添加剂使用准则》(NY/T 471)。
2. 表格不足可自行增加行数。

## 五　蜜蜂常见疾病防治

| 蜜蜂常见疾病 | 蜂螨 | | | |
|---|---|---|---|---|
| 防治措施 |||||
| 兽药名称 | 批准文号 | 用途 | 用量 | 采蜜间隔期 |
| 80%～90%冰醋酸 | GB 1903—1996 | 防治蜂螨、孢子虫等 | 10～20毫升/箱熏蒸24小时 | 30天 |
| 硫黄 | GB/T 2449—2006 | 防治蜂螨、螟蛾、巢虫、真菌 | 2～5克/箱熏蒸24小时 | 30天 |

## 六 采收、储存及运输情况

| 采收原料类别 | 蜂蜜☑ | 蜂王浆☑ | 蜂花粉☐ | 其他产品☐ |
|---|---|---|---|---|
| 采收方式 | 人工 | 人工 | | |
| 采收设备及材质 | 不锈钢取蜜机 | 食用级塑料取浆笔 | | |
| 采收时间 | 4—9月 | 4—9月 | | |
| 采收数量(千克/蜂箱) | 50 | 6 | | |
| 取蜜设备使用前后是否清洗,请具体描述 | 自来水洗净后晾干 | | | |
| 是否存在平行生产?请描述区分管理措施 | 无 | | | |
| 如何储存?包括从采收到加工过程中的储存环境、间隔时间、储存设备等,请具体描述 | 蜂蜜避光室内常温储存;蜂王浆蜂场采集后及时储存到冰箱或冷冻柜,保持冷冻(0℃以下) | | | |
| 储存设备使用前后是否清洗,请具体描述清洗情况 | 用自来水清洗干净,沥干后使用 | | | |
| 如何运输?请具体描述 | 蜂蜜装入食品级铁桶或食品级塑料桶,直接货车运输;蜂王浆包装为塑料瓶,放入保温泡沫箱,货车4小时内运输到公司冷冻库 | | | |

## 七 废弃物处理及环境保护措施

采收后废弃蜂脾、蜂蜡及其他投入品与包装物即时收集,焚烧或深埋处理;及时打扫蜂场,创造干净卫生的环境

填表人(签字): 郑前    内检员(签字): 郑前

注:内检员适用于已有中国绿色食品发展中心注册内检员的申请人。

**4.《加工产品调查表》**

《加工产品调查表》填写范例如下。其中所填写内容仅供参考，申请人应根据本企业实际情况填写。

CGFDC-SQ-04/2022

# 加工产品调查表

申请人（盖章） 湖北××有限公司

申请日期 20××年××月××日

中国绿色食品发展中心

## 填 表 说 明

一、本表适用于以符合绿色食品生产相关要求的植物、动物和微生物产品为原料，进行加工和包装的食品，如米面及其制品、食用植物油、肉食加工品、乳制品、酒类等。

二、本表一式三份，中国绿色食品发展中心、省级工作机构和申请人各一份。

三、购买全国绿色食品原料标准化生产基地原料或绿色食品产品分包装的申请人须填写此表。

四、本表应如实填写，所有栏目不得空缺，未填部分应说明理由。

五、本表无盖章、签字无效。

六、本表的内容可打印或用蓝、黑钢笔或签字笔填写，语言规范准确、印章（签名）端正清晰。

七、本表可从中国绿色食品发展中心下载，用A4纸打印。

八、本表由中国绿色食品发展中心负责解释。

## 一　加工产品基本情

| 产品名称 | 商标 | 产量（吨） | 有无包装 | 包装规格 | 备注 |
|---|---|---|---|---|---|
| 荆条蜜 | 天时+拼音+图形 | 39.2 | 有 | 100克/瓶 | |
| 油菜花蜜 | 天时+拼音+图形 | 5.0 | 有 | 500克/瓶 | |
| | | | | | |

注：续展产品名称、商标变化等情况需在备注栏说明。

## 二　加工厂环境基本情况

| | |
|---|---|
| 加工厂地址 | 武汉市××区工业园 |
| 加工厂是否远离工矿区和公路铁路干线？ | 加工厂远离工矿区和铁路干线 |
| 加工厂周围5千米，主导风向的上风向20千米内是否有工矿企业、医院、垃圾处理场等？ | 加工厂周围5千米，主导风向的上风向20千米内无工矿企业、医院、垃圾处理场等 |
| 绿色食品生产区和生活区域是否具备有效的隔离措施？请具体描述。 | 绿色食品生产区和生活区域分开，加工厂为独立生产区 |

注：相关标准见《绿色食品　产地环境质量》（NY/T391）。

## 三　产品加工情况

| 工艺流程及工艺条件 | |
|---|---|
| 各产品加工工艺流程图（应体现所有加工环节，包括所用原料、食品添加剂、加工助剂等），并描述各步骤所需生产条件（温度、湿度、反应时间等）：<br>原料验收—预热—低温结晶—粗滤—中滤—精滤—杀菌—成品检验—分装—包装 | |
| 是否建立生产加工记录管理程序？ | 建立了生产加工记录管理程序 |
| 是否建立批次号追溯体系？ | 建立了批次号追溯体系 |
| 是否存在平行生产？具体原料运输、加工及储藏各环节中进行隔离与管理，避免交叉污染的措施 | 公司生产的产品均申报了绿色食品，不存在平行生产 |

## 四 加工产品配料情况

| 产品名称 | 荆条蜜 | 年产量（吨） | 39.2 | 出成率（%） | 98 |
|---|---|---|---|---|---|

| 主辅料使用情况表 ||||
|---|---|---|---|
| 名称 | 比例(%) | 年用量（吨） | 来源 |
| 荆条花成熟蜂蜜 | 100 | 40 | 公司蜂场基地 |
|  |  |  |  |
|  |  |  |  |

| 食品添加剂使用情况 |||||
|---|---|---|---|---|
| 名称 | 比例(‰) | 年用量（吨） | 用途 | 来源 |
| 无 |  |  |  |  |
|  |  |  |  |  |
|  |  |  |  |  |

| 加工助剂使用情况 |||||
|---|---|---|---|---|
| 名称 | 有效成分 | 年用量（吨） | 用途 | 来源 |
| 无 |  |  |  |  |
|  |  |  |  |  |

| 是否使用加工水？请说明其来源、年用量（吨）、作用，并说明是否使用净水设备 | 不使用加工水 |
|---|---|
| 主辅料是否有预处理过程？如是，请提供预处理工艺流程、方法、使用物质名称和预处理场所 | 不进行预处理 |

注：1. 相关标准见《绿色食品 食品添加剂使用准则》（NY/T 392）。
　　2. 主辅料"比例（%）"应扣除加入的水后计算。

## 五 加工产品配料情况

| 产品名称 | 油菜花蜜 | 年产量(吨) | 5 | 出成率(%) | 98 |
|---|---|---|---|---|---|

### 主辅料使用情况表

| 名称 | 比例(%) | 年用量(吨) | 来源 |
|---|---|---|---|
| 油菜花成熟蜂蜜 | 100 | 5.1 | 公司蜂场基地 |
|  |  |  |  |
|  |  |  |  |

### 食品添加剂使用情况

| 名称 | 比例(‰) | 年用量(吨) | 用途 | 来源 |
|---|---|---|---|---|
| 无 |  |  |  |  |
|  |  |  |  |  |
|  |  |  |  |  |

### 加工助剂使用情况

| 名称 | 有效成分 | 年用量(吨) | 用途 | 来源 |
|---|---|---|---|---|
| 无 |  |  |  |  |
|  |  |  |  |  |

| 是否使用加工水?请说明其来源、年用量(吨)、作用,并说明是否使用净水设备 | 不使用加工水 |
|---|---|
| 主辅料是否有预处理过程?如是,请提供预处理工艺流程、方法、使用物质名称和预处理场所 | 不进行预处理 |

注:1. 相关标准见《绿色食品 食品添加剂使用准则》(NY/T 392)。
2. 主辅料"比例(%)"应扣除加入的水后计算。

## 六 平行加工

| | |
|---|---|
| 是否存在平行生产？如是，请列出常规产品的名称、执行标准和生产规模 | 无平行生产 |
| 常规产品及非绿色食品产品在申请人生产总量中所占的比例？ | 无 |
| 请详细说明常规及非绿色食品产品在工艺流程上与绿色食品产品的区别 | 无 |
| 在原料运输、加工及储藏各环节中进行隔离与管理，避免交叉污染的措施 | ☐ 从空间上隔离（不同的加工设备）<br>☐ 从时间上隔离（相同的加工设备）<br>☐ 其他措施，请具体描述：_____ |

## 七 包装、储藏和运输

| | |
|---|---|
| 包装材料（来源、材质）、包装充填剂 | 包装材料为玻璃瓶 |
| 包装使用情况 | ☐ 可重复使用　☑ 可回收利用　☐ 可降解 |
| 库房是否远离粉尘、污水等污染源和生活区等潜在污染源？ | 库房为专用低温冷库，不存在潜在污染源 |
| 库房是否能满足需要及类型（常温、冷藏或气调等） | 库房能满足冷藏需要 |
| 申报产品是否与常规产品同库储藏？如是，请简述区分方法 | 专品专藏 |
| 申请人运输情况（工具、措施等） | 专用运输车运输 |

注：相关标准见《绿色食品　包装通用准则》（NY/T 658）和《绿色食品　贮藏运输准则》（NY/T 1056）。

## 八 设备清洗、维护及有害生物防治

| | |
|---|---|
| 加工车间、设备所需使用的清洗、消毒方法及物质 | 加工车间用自来水冲洗擦干、设备用自来水冲洗 |
| 包装车间、设备的清洁、消毒、杀菌方式方法 | 包装车间用拖把擦干净,设备用抹布擦干净 |
| 库房中消毒、杀菌、防虫、防鼠的措施,所用设备及药品的名称、使用方法、用量 | 于冷库中低温密闭防虫、防鼠 |

## 九 污水、废弃物处理情况及环境保护措施

| | |
|---|---|
| 加工过程中产生污水的处理方式、排放措施和渠道。 | 加工过程产生的污水进净化池处理 |
| 加工过程中产生废弃物的处理措施 | 加工过程中产生的过滤渣统一回收深埋处理 |
| 其他环境保护措施 | 生产及附近区域日常巡查监测,防止环境污染,建立生产保护区 |

填表人(签字):*郑前*　　内检员(签字):*郑前*

注:内检员适用于已有中国绿色食品发展中心注册内检员的申请人。

## （二）质量管理控制规范编制范例

绿色食品质量管理控制规范编制范例如下。其内容仅供参考，申请人应根据本企业实际情况编制相应的质量管理控制规范并遵照执行。

# 湖北××有限公司
# 蜂产品
# 质量管理手册

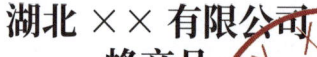

编　　号：HBSN-I-202×

版本号：A/1

编　制：×××

审　核：×××

批　准：×××

发布日期：202×-××-××　　　　实施日期：202×-××-××

**目　录**

1　颁布通知

2　任命书

3　质量方针和目标

4　组织与管理体系结构

5　质量管理职责和权限

6　生产、质量管理人员要求

7　环境卫生要求

8　车间及设施的卫生要求

9　养蜂联合体及蜂农管理制度

10　蜂农备案登记管理制度

11　养蜂基地的技术要求

12　包装、储存、运输要求

13　检验要求

## 1　颁布通知

为了加强绿色食品蜂产品生产全程监管，全面规范生产秩序，保障产地环境和产品质量符合绿色食品生产标准和要求，确保本公司系列蜂产品的质量，本公司依据《中华人民共和国食品卫生法》《中华人民共和国农产品质量安全法》《绿色食品管理办法》《食品安全国家标准　食品生产通用卫生规范》（GB 14881）等法规标准，结合本公司的实际需要，制定《质量管理手册》。其主要目的是在生产加工产品过程中，控制、降低和消除生物、物理和化学方面的危害，确保产品安全卫生，为客户提供满意的优质产品。

经审定，本《质量管理手册》切实可行，可以满足消费者对食品质量的要求，是公司的纲领性文件，公司全体员工必须遵照执行，现予以颁布。

总经理：×××

202×年××月××日

## 2　任命书

为确保食品质量安全管理体系顺利运行，特任命×××为管理者代表和食品质量小组组长，其职责：确保按照本《质量管理手册》的要求建立、实施、保持和更新食品质量安全管理体系；直接向公司的最高管理者报告食品质量安全管理体系的有效性和适宜性，以进行评审，作为体系改进的基础；为食品质量小组成员安排相关的培训；负责提高公司全体人员满足客户要求的意识；针对与食品质量安全管理体系有关的事项开展对外联络。

同时，为了维护质量管理体系的运行，特成立食品质量小组，其名单和职责如下表。

**食品质量小组成员名单和职责**

| 姓名 | 组内职务 | 职责 |
|---|---|---|
| ××× | 组长 | 组织对成员和员工的培训；组织制定蜂产品生产计划；组织实施公司的各项方案 |
| ××× | 组员 | 检查操作过程是否按照生产工艺流程和操作规程执行；监督检查各种记录是否完备，按规定进行记录并审核；检查监督环境、生产场所、设备的卫生是否符合要求 |
| ××× | 组员 | 负责原物料采购过程中质量安全的控制 |
| ××× | 组员 | 负责蜂产品的销售以及销售后用户对产品质量反馈信息的收集 |
| ××× | 组员 | 负责指导生产车间配制各种清洗消毒液；负责对各生产工序加工产品的检测，以保证各工序产品质量符合要求；负责各种检验结果的记录和保管；收集和整理蜂蜜检测的新方法；负责按规定校准各种生产和检测设备；监督检查设备是否按照规定进行清洗消毒并做好记录 |

## 3 质量方针和目标

质量目标和方针是公司总的质量安全宗旨和方向，是制订和评审质量管理文件的依据，是各项质量活动的指南。要求全体员工充分理解并认真贯彻执行，所有思想和活动不得与方针相抵触。总经理在持续适宜性方面对此质量方针和目标进行评审，适当时进行修订。

## 3.1 质量方针

安全卫生，质量第一，客户满意，持续改进。

**3.1.1** 安全卫生：公司严格按照我国食品卫生相关法律法规开展生产经营活动，产品质量符合国家标准和客户要求，安全卫生。

**3.1.2** 质量第一：质量是企业的生命，通过各项活动达成目标并不断提高质量。

**3.1.3** 客户满意：持续改进产品质量、服务和质量管理体系水平，提供符合客户需求的产品，提高客户满意度。

**3.1.4** 持续改进：通过持续改进质量管理体系，落实上述方针，使公司产品质量位居同行业前列。

## 3.2 质量目标

产品一次检验合格率达到100%；客户满意度达到85%以上；市场投诉处理率达到100%；重大食品卫生事故为0。

## 4 组织与管理体系结构

组织与管理体系结构如图所示。

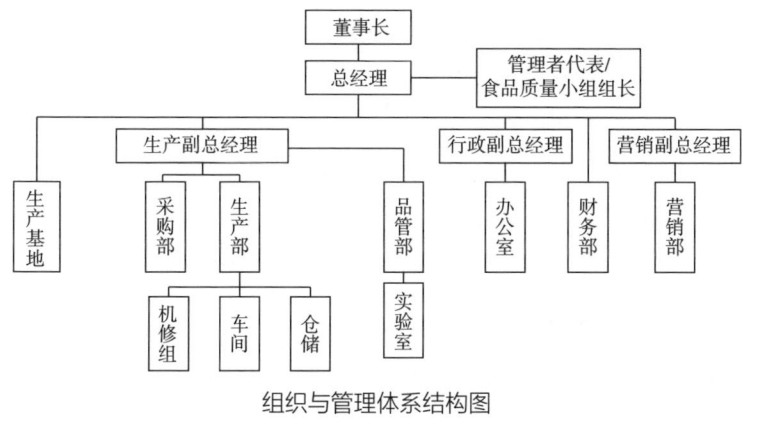

组织与管理体系结构图

## 5 质量管理职责和权限

### 5.1 总经理职责

**5.1.1** 贯彻以客户为中心的思想,向本公司员工传达执行法律法规要求及满足客户需求的重要性。

**5.1.2** 负责公司食品质量安全方针和目标的制定、批准和发布。

**5.1.3** 负责质量管理体系及其资源的配备。

**5.1.4** 任命管理者代表及食品质量小组组长。

**5.1.5** 对质量管理体系的建立、实施和保持负责,并负责主持管理评审。

**5.1.6** 批准和发布《质量管理手册》。

**5.1.7** 确定组织机构设置,明确质量相关人员及部门的职责、权限和相互关系。

### 5.2 管理者代表及食品质量小组组长职责

**5.2.1** 按照相关标准建立、实施、保持质量管理体系。

**5.2.2** 委托有资格并与所审核部门无直接责任的人员对公司质量管理体系进行审核。

**5.2.3** 向总经理汇报质量管理体系运行情况。

**5.2.4** 组织对供应商的质量管理体系进行评价。

**5.2.5** 为食品质量小组人员安排相关的培训。

**5.2.6** 负责在组织内提高满足客户要求和贯彻食品质量相关法律法规的意识。

**5.2.7** 针对与质量和管理体系有关的事项开展对外联络。

### 5.3 生产副总经理职责

**5.3.1** 指导制订并审核所主管部门质量活动的程序文件,保证各要素间接口协调一致。

5.3.2 保证所主管部门的职能和职权的落实，以实现主管部门所分担的质量目标。

5.3.3 全面领导公司生产系统的日常工作；确定、提供和维护基础设施和工作环境，确保生产符合要求的产品。

5.3.4 管理生产，协调生产各部门间的关系，对生产中出现的问题有决策权，并向总经理报告生产业绩。

5.3.5 合理安排、调配基础设施。

5.3.6 管理生产现场工作环境，确保安全生产。

5.3.7 设置生产工艺中的技术指标。

5.3.8 有权对不合格工艺或不合格产品采取措施。

## 5.4 行政副总经理职责

5.4.1 领导办公室的工作。

5.4.2 负责人员进出的管理。

5.4.3 负责纠正和预防措施的执行。

## 5.5 营销副总经理职责

5.5.1 负责管理原辅材料采购和产品销售工作。

5.5.2 审批物资采购计划，审核供应商资质。

5.5.3 负责大宗产品合同的签订。

5.5.4 制订销售计划，并督促落实。

## 5.6 生产部部长职责

5.6.1 负责生产设施的维护和生产环境的管理。

5.6.2 负责动力资源的管理，确保水电气等资源满足生产所需。

5.6.3 安排生产计划，监督管理生产工艺。

**5.6.4** 监督厂区内的环境卫生。

**5.6.5** 负责产品标识的管理。

**5.6.6** 负责本部门文件、记录的管理。

**5.6.7** 负责制定与本部门有关的纠正和预防措施并组织实施。

**5.6.8** 参与内审、管理评审工作。

### 5.7 品管部部长职责

**5.7.1** 负责产品的质量检验工作。

**5.7.2** 负责原材料检验,以及生产过程中半成品及成品的检验。

**5.7.3** 负责监视和测量设备的管理。

**5.7.4** 负责组织不合格品的判定和评审。

**5.7.5** 负责关键控制点的监控和验证。

**5.7.6** 负责纠正和预防措施的归口管理。

**5.7.7** 负责本部门文件管理。

**5.7.8** 参与内审、管理评审等工作。

### 5.8 办公室主任职责

**5.8.1** 负责公司全面质量管理工作。

**5.8.2** 负责文件的汇编和管理。

**5.8.3** 负责记录的归口管理。

**5.8.4** 负责人力资源的管理,以及组织培训工作。

**5.8.5** 负责员工的档案整理及健康检查。

**5.8.6** 负责颁布有关人事的命令,组织考核个人工作业绩。

**5.8.7** 负责组织公司的内部审核工作。

**5.8.8** 负责数据收集,对收集到的数据进行分析。

**5.8.9** 负责纠正和预防措施的制定并组织实施。

5.8.10　参与内审、管理评审和不合格品评审工作。

## 5.9　采购部部长职责

5.9.1　负责原材料的采购工作。

5.9.2　负责对原材料的供方进行评价、选择和控制。

5.9.3　参与内审、管理评审工作。

5.9.4　负责原辅材料库的管理。

5.9.5　负责制定与本部门有关的纠正和预防措施并组织实施。

5.9.6　负责本部门文件、记录的管理。

## 5.10　销售部部长职责

5.10.1　负责产品的运输管理和车辆的调度。

5.10.2　负责成品库的管理。

5.10.3　负责标识管理和可追溯管理。

5.10.4　对客户的满意程度进行测评,并汇总有关信息。

5.10.5　负责售后服务、客户意见的处理。

5.10.6　负责组织不安全产品的召回工作。

5.10.7　负责本部门文件、记录的管理。

5.10.8　负责制定与本部门有关的纠正和预防措施并组织实施。

5.10.9　参与内审、管理评审等工作。

## 5.11　车间主管职责

5.11.1　负责生产车间水电气的供应。

5.11.2　负责车间基础设施的维护及保养。

5.11.3　负责生产过程中的环境控制及管理。

5.11.4　负责按生产部下达的计划进行生产。

5.11.5　负责执行生产操作规程。

#### 5.12 化验员职责

**5.12.1** 负责按规定的程序进行检验及测量。

**5.12.2** 负责化验室设备的使用及维护。

**5.12.3** 负责做好各种检验记录。

**5.12.4** 负责化验室文件的汇总及管理。

#### 5.13 仓库保管员职责

**5.13.1** 负责做好进出库台账和各种进出库记录。

**5.13.2** 保持仓库干净卫生。

**5.13.3** 管理库存的各类标识。

**5.13.4** 做好成品的分销记录。

**5.13.5** 保证库存物资先进先出。

**5.13.6** 在原物料和产品上下车时,检查车辆卫生,并进行清洁和消毒处理。

### 6 生产、质量管理人员要求

#### 6.1 目的

提高员工素质,确保生产、质量管理人员按照生产操作规程开展生产。

#### 6.2 适用范围

适用于本企业生产和质量管理人员的日常管理。

#### 6.3 职责

**6.3.1** 办公室负责组织实施员工培训、健康体检,管理员工档案。

**6.3.2** 各部门负责制订员工培训计划。

**6.3.3** 各车间负责员工日常卫生监督管理。

### 6.4 管理规范

**6.4.1** 企业定期对员工进行培训，新进厂员工应经培训考核合格后方可上岗。

**6.4.2** 生产、质量检验人员每年至少进行1次健康检查，必要时进行临时检查；新进厂人员必须进行体检，持卫生防疫部门颁发的"健康证"方可上岗。

**6.4.3** 生产、质量检验人员要保持个人卫生，不得将与生产无关的物品带入车间，工作时不得戴首饰、手表，不得化妆，进入生产车间前洗手消毒并穿着工作服，工作服应定期消毒。

**6.4.4** 生产、质量检验人员每年经强化卫生培训并考核合格后方可上岗。

**6.4.5** 配备具备相应资格的专业人员从事质量管理工作。

## 7 环境卫生要求

### 7.1 目的

确保厂区选址、厂房的设计建造及日常维护符合卫生要求。

### 7.2 适用范围

适用于厂区环境的卫生控制。

### 7.3 职责

**7.3.1** 办公室负责厂区环境卫生责任区划分。

**7.3.2** 各责任部门负责本责任区的环境卫生。

**7.3.3** 办公室负责组织厂区环境卫生检查工作。

### 7.4 管理规范

**7.4.1** 厂区不得建立在易受有毒有害物品污染的区域，厂区周围保持清洁。

**7.4.2** 厂区及邻近道路铺设水泥,防止灰尘造成污染。厂区要有绿化,路面平坦,无积水。

**7.4.3** 生产区和生活区要分开,生产区建筑布局合理。

**7.4.4** 厂区内水沟保持清洁、畅通。

**7.4.5** 废水、废料的排放和处理应符合国家环保要求。

**7.4.6** 厂区卫生间应有冲水、洗手设备以及防蚊蝇设施,不滋生蚊蝇、不散发臭气,保持清洁。墙壁材料、平滑、不透水、耐腐蚀。

**7.4.7** 食堂应设有防蚊蝇设施,及时清理废弃物。

**7.4.8** 清洁工每天打扫厂区,每天上午、下午各清扫一次厂区卫生间并进行消毒,保持环境卫生。

**7.4.9** 各车间四周不得堆放垃圾、杂物,不得存放有毒有害物质。

**7.4.10** 各车间工作现场及所管理设备要定期清扫和擦洗,地面不得有物料、积水、杂物,墙壁保持清洁。

**7.4.11** 工作结束,现场要清理干净,不得有废料、废件等废弃物。

**7.4.12** 各车间操作人员应保持个人卫生,按规定穿工作服、戴工作帽,生产工人不得穿高跟鞋上班。

**7.4.13** 各车间生产用水必须符合生活饮用水卫生标准。公司生产用水由权威检测部门(或本公司实验室)每年抽样检测1次,并定期监测。

**7.4.14** 办公室统一协调公司整体的卫生工作,各部门负责维护本部门和卫生责任区的环境卫生和设施卫生。

**7.4.15** 办公室统一设置捕鼠器,定期灭鼠,防止老鼠污染原辅材料及产品。

**7.4.16** 办公室每周组织检查一次厂区环境卫生,并做检查记录。

## 8 车间及设施的卫生要求

### 8.1 目的

保证车间生产设施的卫生条件符合要求。

### 8.2 适用范围

适用于车间生产设施的卫生控制。

### 8.3 职责

**8.3.1** 生产部负责制定车间生产、仓储的卫生管理制度。

**8.3.2** 各部门负责车间设施日常卫生工作。

**8.3.3** 食品卫生小组负责车间生产设施卫生状况的检查。

### 8.4 管理规范

**8.4.1** 加工车间应具有足够的空间,以利于设备安装、操作,工艺流程布局要合理。

**8.4.2** 车间地面使用无毒、防滑、耐腐蚀、不透水的建筑材料。地面平坦无积水、无裂缝,易于清洗消毒。

**8.4.3** 车间出口及与外界相连的排水及通风处应安装防鼠、防蚊蝇设施。

**8.4.4** 车间墙壁和天花板要使用无毒、浅色、防水、防霉、不脱落、易于清洗的材料修建。

**8.4.5** 车间的门、窗应严密,使用不变形、耐腐蚀、易清洗的材料建筑。窗口必须安装易于清洗、更换的纱窗。

**8.4.6** 生产车间内应光线充足、通风良好,作业区上方的照明设施应使用安全型防护设施,验瓶及验标的照明采用荧光装置,应符合检验要求。

**8.4.7** 车间入口处和车间内适当地点，设足够数量的洗手、消毒设施，配备有清洁剂和消毒液，水龙头为非手动开关。

**8.4.8** 使用部门负责及时补充或更换消毒液，确保消毒液浓度符合要求。

**8.4.9** 品管部化验员负责检测消毒液的有效浓度，并作检测记录。

**8.4.10** 生产车间设有与车间相连的更衣室，室内通风良好、卫生清洁，有足够数量的更衣柜。

**8.4.11** 生产车间须安装通风设备，保持车间内空气新鲜。

**8.4.12** 生产车间的供水、供电和供气能够满足生产需要。

**8.4.13** 生产车间环境及设备卫生落实责任到人，保持清洁卫生。车间内不得存放与生产无关的杂物。

## 9 养蜂联合体及蜂农管理制度

为了保证本公司采购的原料满足生产的要求，对本公司的养蜂基地实行有效的管理，特制定本制度。

**9.1** 依据各注册蜂农的常年放蜂路线及其意愿，对本公司所有的养蜂登记户进行编组。

**9.2** 由经验丰富的蜂农或经专业培训的人员担任技术员。选举经验丰富的蜂农担任基地小组组长。

**9.3** 定期对技术员、蜂农进行培训，培训方式以现场指导和发放有关培训材料为主。

**9.4** 基地办公室负责制定操作规程，对各养蜂基地工作进行监督管理。建立蜂农养蜂日志，基地内蜂农坚持填写养蜂日志，并保存档案，本公司将不定期抽查。技术员在办公室的领导下，负责落实基地蜂群的防病、治疗措施，落实培训工作和安全生产。组长在技术员的指导下，负责小组内的产品质量安全，及时向技术员汇报蜂群生产、防病治病情况，以及蜜源植物的植保动态和泌蜜情况，考察下期蜜源，落实放蜂场地。

**9.5** 每年年终对各基地及注册蜂农进行业绩评定，对规范生产、无质量问题的养蜂户实行现金奖励，奖励标准为 100～300 元/吨。对全年无差错的小组组长、基地技术员颁发奖金。

**9.6** 所有涉及基地管理的记录必须真实、完整、可追溯。所有记录由基地办公室统一归档，保存期 3 年。

## 10 蜂农备案登记管理制度

为实施源头管理，进一步掌握蜂场动态，特制定本制度。

**10.1** 在原有的养蜂联合体基础上，积极鼓励联合体以外的蜂农在公司注册登记。

**10.2** 备案登记内容应包括蜂农的姓名、性别、年龄、住址、身份证号以及主要放蜂路线等。

**10.3** 对注册蜂农进行编号，注册号为五位数，前两位为本公司注册登记号的后两位，后三位为蜂农序号。

**10.4** 蜂农注册登记前接受办公室的培训，要能够掌握养蜂技术和蜜蜂防疫措施。

**10.5** 已注册的蜂农分组划分至相应的基地，5 家蜂场为一组，2～3 组为一个基地，并逐一填写基地蜂农年度综合卡。

**10.6** 保存各注册蜂农的生产档案和蜂场检查记录等资料，统一建档编号。

## 11 养蜂基地的技术要求

### 11.1 目的

对养蜂基地生产过程中影响产品质量的各个要素进行有效控制，以确保产品的质量。

### 11.2 适用范围

适用于生产过程中可能对产品的质量安全构成危害的因素的控制。

### 11.3 职责

**11.3.1** 基地办公室对各蜂场的生产现场管理有指导及监督责任，并负责每月组织 1 次生产现场综合检查。

**11.3.2** 各基地负责人负责蜂场的现场管理，并每周组织 1 次生产现场综合检查。

**11.3.3** 养蜂人员负责所属岗位生产现场操作及其他管理措施的具体实施，并负责日常检查。

### 11.4 管理规定

#### 11.4.1 生产蜂场设置

蜂场应远离居民点、主要交通干道、化工厂、农药厂及经常喷洒农药的地区，地势高燥、背风向阳、排水良好、小气候适宜。周围半径 5 千米范围内无以蜜糖为生产原料的食品厂。

蜂场周围空气中各种污染物的浓度限值应符合《环境空气质量标准》（GB 3095）中二类区的要求。蜂场附近有便于蜜蜂采集的良好水源；若周边水源达不到要求，应在蜂巢内（外）放置合适的饮水装置。水质符合《绿色食品 产地环境质量》（NY/T 391）

的规定。

蜂场半径5千米范围内应具备丰富的蜜粉源植物,应避免受到农药污染。蜂场半径5千米范围内如有有毒蜜粉源植物,有毒蜜粉源开花期不能放蜂。

### 11.4.2 养蜂机具

蜂箱、隔王板、饲喂器、脱粉器、台基条、移虫针、取浆器具、起刮刀蜂扫、覆布以及幽闭蜂王和脱蜂器具等应无毒、无异味。割蜜刀和分蜜机应使用不锈钢或无毒塑料制成。蜂产品储存器具应无毒、无害、无污染、无异味。

### 11.4.3 蜜蜂饲养管理

采购的饲料应来源于相关行政部门批准的生产企业,喂饲蜂群的蜂蜜、白糖、花粉和花粉代用品应符合绿色食品标准要求。饲料中原料及添加剂应符合《绿色食品 食品添加剂使用准则》(NY/T 392)的要求,兽药应符合《绿色食品 兽药使用准则》(NY/T 472)的要求。

补充饲喂应使用蜂蜜和花粉,蜂蜜和花粉必须为本场自产,生产期不应饲喂。

早春和夏季喂水时,饲喂器具应保持清洁。可在水中添加少许食盐,浓度不超过0.5%。保持蜂箱内温度相对稳定和通风良好。根据季节采取适当的控温措施。蜂巢内相对湿度保持在65%~85%。

### 11.4.4 用药管理

采取选择抗病蜂种、饲养强群、保持蜂群饲料充足、防盗蜂等方法,提高蜂群自身的抗病能力。保持养蜂场地和机具清洁卫生。所用的药物符合NY/T 472的要求。

严格执行停药期，投喂或使用蜂药的员工应经过相关培训，具备用药的相关能力和知识。保持用药记录。

**11.4.5　卫生管理**

建立蜂场清理、消毒程序。选用的消毒剂应符合NY/T 472的规定，应对人和蜂安全、无残留毒性，对设备无破坏性，不会在蜜蜂产品中产生有害积累。每周清理1次蜂场死蜂和杂草，清理的死蜂应及时深埋。霉迹用5%的漂白粉乳剂喷洒消毒。

建立养蜂用具消毒程序，定期对蜂箱、隔王栅、饲喂器等养蜂用具消毒，并保持用具清洁卫生。对于场地、机具的物理和化学消毒措施、时间、所用消毒剂种类、来源等应进行详细记录。

**11.4.6　产品采收和贮存**

蜜蜂产品采收期内，不得使用任何蜂药；在休药期内，不得采收任何蜜蜂产品；蜜粉源植物施药期间不应进行蜂产品采收；生产用具、盛具用前严格清洗，并用酒精消毒，不应用手直接采集或接触蜜蜂产品。蜜蜂产品采收记录内容包括采收日期、产品种类、采收数量、采集人、用具与盛具清洗和消毒方法、贮存方式等。在蜂产品包装的标签上，在醒目位置标记产品品名、生产日期、产品数量、生产者姓名、蜂场名称和产地。

蜂蜜采收之前，应取出生产群中的饲料糖或蜜，不使用废旧铁桶、铅制桶和非食品级塑料桶等不适宜盛装蜂蜜的容器。巢脾中的蜂蜜至少有一半以上封盖后，才可取蜜。每个花期第一次生产的蜂蜜与后续生产的蜂蜜标识后分开存放。单花种蜂蜜与混合蜜要分桶存放，盛放蜂蜜的钢桶或塑料桶应放在阴凉干燥处，不可暴晒和雨淋。

采收移虫后72小时以内的蜂王浆。移虫、采浆作业在对所用器具消毒过的室内或帐篷内进行，采收后的蜂王浆长期储存时温度应在-18℃以下，短期（48小时内）储存温度可在-5℃以下。

蜂花粉安装脱粉器（材质最好选用不锈钢或塑料，且使用前经过消毒）前，洗净生产群蜂箱和巢门板上的尘土，花粉粒收集过程中，随时清除混入花粉中的杂物，花粉干燥尽可能采用风干的方式，避免日光暴晒，干燥后的花粉要密封遮光存放，避免污染。

## 12 包装、储存、运输要求

### 12.1 目的

采取有效保护措施，防止产品在搬运、储存、包装、交付过程中丢失、损坏或被污染。

### 12.2 适用范围

适用于产品包装、储存和运输过程。

### 12.3 职责

**12.3.1** 仓储部门负责物资仓储的管理工作。

**12.3.2** 品管部负责按检验计划对原辅材料及外包装物进行入库检验，仓储部门负责物资入库数量及外包装的入库验收工作。

### 12.4 包装管理

#### 12.4.1 包装材料

**12.4.1.1** 成品包装材料应符合卫生标准。

**12.4.1.2** 生产中应防止包装材料受污染。

**12.4.1.3** 包装材料在采购时须由供方提供第三方卫生检验合格证明，入厂后由品管部进行各项检验，并随机抽样送第三方检验，检验不合格不得使用。

**12.4.1.4** 塑料类包装材料应以食品级塑料树脂为原料。

**12.4.2 包装车间的卫生管理制度**

**12.4.2.1** 进入包装车间必须穿工作服。

**12.4.2.2** 非包装人员不得进入包装车间。

**12.4.2.3** 包装人员进入包装车间必须先在感应龙头下洗手，在干手机上烘干双手；鞋底要消毒。

**12.4.2.4** 包装车间的更衣室与卫生间在包装工作间的外面。

**12.4.2.5** 包装车间要经常打扫卫生，用湿拖布擦净，不要用扫帚清扫，以免扬起粉尘。

**12.4.2.6** 包装间的设备必须保持干净。

**12.4.2.7** 包装车间应适时开窗，保持通风良好。

**12.5 仓储管理**

**12.5.1 库位规划**

**12.5.1.1** 仓库必须挂放库位平面图、区域标示牌、货位架标识牌等。

**12.5.1.2** 销售仓库必须对库房统一科学规划，根据库存、生产状况适时进行成品的移库和接收工作。

**12.5.2 库房管理**

**12.5.2.1** 所有仓库必须保持消防安全通道畅通无阻，必须配备消防器材。

**12.5.2.2** 仓库要保持整洁、卫生、干燥、通风，并有防潮、防霉、防盗、防虫、防鼠措施，定期巡查库房状况，及时进行维护。

**12.5.2.3** 所有物资必须堆垛整齐，按类堆放，物资之间、物资与墙壁之间有合理的堆垛距离。

**12.5.2.4** 按批次、批号摆放，不混、不乱。

**12.5.2.5** 清扫库内地面时，用湿拖布擦净，不能有粉尘落在产品上。

**12.5.2.6** 内燃车不能在库内作业。

**12.5.2.7** 腐蚀性、有毒有害物品、易挥发的物资应单独存放化工仓库，易燃、易爆品应存放在燃料仓库，仓库内应配备专用灭火器，并严禁一切火源。

### 12.5.3 产品标识

待检测产品、合格的出口产品、合格的内销产品及不合格产品在储存期间做好明显标识。

### 12.5.4 库存管理

**12.5.4.1** 所有库存物资必须遵循先进先出原则。

**12.5.4.2** 仓库管理员对原辅材料的库存状况进行跟踪管理，库存时间超过保质期的一律予以封存，按程序进行报废处理。

**12.5.4.3** 仓库物资必须账物相符。

## 12.6 交付和运输

**12.6.1** 最终产品检验合格后，营销部根据合同要求安排交付日期，办理交付手续。

**12.6.2** 在交付之前，仓库管理员要清点交付产品的数量，查看交付产品的规格、包装是否与出货单一致。

**12.6.3** 食品运输条件应符合国家有关标准，运输车、船应清洁卫生。

**12.6.4** 营销部应根据合同要求采取相应的防护措施直到产品送达目的地。

## 13 检验要求

### 13.1 目的

保证检测、监控结果的准确性。

### 13.2 适用范围

适用于产品检测、监控过程。

### 13.3 职责

品管部负责检验管理工作。

### 13.4 检验管理

**13.4.1** 实验室应建立有效的质量保证体系并能持续有效运行，指派专人专职或兼职负责体系的运行。

**13.4.2** 品管部工作人员应具备所从事检测技术工作的资历和经历，关键岗位人员须持证上岗；检测人员数量应满足检测项目和检测量的需要。

**13.4.3** 实验室应具备符合相关检测项目要求的检测仪器设备及环境条件；检验仪器设备应按规定进行计量检定，并在有效期内定期维护更新，计量要有标签及标识；所用药品、试剂须由合格的供应商供应，并在有效期内；实验室仪器设备应由专人使用，并有详细的使用记录、维修记录、计量检定记录。

**13.4.4** 实验室应制定留样规定，并备有专用冰箱存放样品。一般微生物阳性样品，发出报告3天后（特殊情况可适当延长）方能处理样品，微生物阴性样品可及时处理。理化项目、农药与兽药残留项目样品均应至少保存6个月。

**13.4.5** 实验室应有满足检测要求的相应设施，包括但不限于感官、微生物和理化实验室，以及相应的安全设施和水电气供应等，应有足够的空间，以保证实验室检测工作的正常开展。

**13.4.6** 实验室应建立检出不合格产品（项目）时的处理制度。

**13.4.7** 实验室各项检验记录（包括原始记录、数据图表、结果报告）清晰准确，并按照规定期限保存。

**13.4.8** 实验室每年至少参加1次能力验证试验，并进行1次实验室间的比对试验。

**13.4.9** 委托社会实验室承担检测任务，应与被委托的社会实验室签订委托协议书，明确规定样品抽取、交接及结果传递等事宜。委托的检测项目必须在认可范围内，并接受商检部门实验室管理机构的审核。

**13.4.10** 实验记录包括抽样单、检测原始记录、检测结果报告单。

**13.4.11** 实验记录应妥善分类保存，以便查阅。

**13.4.12** 实验记录保存时限为2年。

## 13.5 相关标准

**13.5.1** 产品包装应符合《绿色食品　包装通用准则》（NY/T 658）要求。不得使用镀锌桶以及盛装过农药、燃料油、食用油或其他化工产品的包装容器。

**13.5.2** 蜂蜜检测标准如下表所示。

蜂蜜检测标准明细表

| 序号 | 检验项目 | 依据标准 | 检验方法 |
|---|---|---|---|
| 1 | 水分 | NY/T 752—2020 | SN/T 0852 |
| 2 | 果糖和葡萄糖 | NY/T 752—2020 | GB 5009.8 |
| 3 | 蔗糖 | NY/T 752—2020 | GB 5009.8 |

（续表）

| 序号 | 检验项目 | 依据标准 | 检验方法 |
|---|---|---|---|
| 4 | 羟甲基糠醛 | NY/T 752—2020 | GB/T 18932.18 |
| 5 | 淀粉酶活性 | NY/T 752—2020 | GB/T 18932.16 |
| 6 | 硝基呋喃类 | NY/T 752—2020 | GB/T 18932.24 |
| 7 | 土霉素 | NY/T 752—2020 | GB/T 18932.23 |
| 8 | 四环素 | NY/T 752—2020 | GB/T 18932.23 |
| 9 | 金霉素 | NY/T 752—2020 | GB/T 18932.23 |
| 10 | 磺胺类 | NY/T 752—2020 | GB/T 18932.17 |
| 11 | 氯霉素 | NY/T 752—2020 | GB/T 18932.19 |
| 12 | 喹诺酮类 | NY/T 752—2020 | GB/T 20757 |

蜂王浆检测标准如下表所示。

**蜂王浆检测标准明细表**

| 序号 | 检验项目 | 依据标准 | 检验方法 |
|---|---|---|---|
| 1 | 水分 | NY/T 752—2020 | GB/T 9697 |
| 2 | 10-羟基-2-癸烯酸 | NY/T 752—2020 | GB/T 9697 |
| 3 | 淀粉 | NY/T 752—2020 | GB/T 9697 |
| 4 | 蛋白质 | NY/T 752—2020 | GB/T 9697 |
| 5 | 氯霉素 | NY/T 752—2020 | SN/T 2063 |
| 6 | 土霉素 | NY/T 752—2020 | GB/T 23409 |
| 7 | 四环素 | NY/T 752—2020 | GB/T 23409 |

（续表）

| 序号 | 检验项目 | 依据标准 | 检验方法 |
|---|---|---|---|
| 8 | 金霉素 | NY/T 752—2020 | GB/T 23409 |
| 9 | 磺胺类 | NY/T 752—2020 | GB/T 22947 |
| 10 | 氟喹诺酮类 | NY/T 752—2020 | GB/T 23411 |

（三）生产操作规程编制范例

蜂产品的生产操作规程包括蜜蜂养殖生产操作规程和蜜源植物种植生产操作规程。

**1. 意大利蜂养殖生产操作规程**

意大利蜂养殖生产操作规程编制范例如下。其内容仅供参考，申请人应根据本企业实际情况编制相应的生产操作规程并遵照执行。

## 绿色食品意大利蜂蜂蜜生产操作规程

**1 范围**

本规程规定了意大利蜂养殖产地环境、品种选择、饲养管理、病虫害防治、蜂蜜采收、加工、贮存、运输、包装、废弃物处理和档案管理等技术要求。

本规程适用于绿色食品意大利蜂蜂蜜的生产。

**2 规范性引用文件**

下列文件对于本规程的应用是必不可少的，其最新版本（包括所有的修改单)适用于本规程。

GB/T 41227　蜜蜂饲养管理技术规范
NY/T 391　绿色食品　产地环境质量
NY/T 393　绿色食品　农药使用准则
NY/T 394　绿色食品　肥料使用准则
NY/T 471　绿色食品　饲料及饲料添加剂使用准则
NY/T 472　绿色食品　兽药使用准则
NY/T 658　绿色食品　包装通用准则
NY/T 752　绿色食品　蜂产品
NY/T 1056　绿色食品　储藏运输准则
NY/T 1160　蜜蜂饲养技术规范

## 3　产地环境

**3.1**　蜂场附近空气质量、水质符合 NY/T 391 中环境空气质量和畜牧养殖用水水质的要求。

**3.2**　蜂场场址应选择地势高燥、有遮阴植被或小气候适宜的场所。

**3.3**　蜂场周围 3 千米范围无糖厂、化工厂、农药厂、工矿企业、畜禽饲养场及垃圾场。

**3.4**　蜂场距离公路、铁路 50 米以上,远离村庄、城镇、车站等人口活动区。

**3.5**　蜂场周围 5 千米范围内无雷公藤、博落回、狼毒等有毒蜜源植物。

**3.6**　蜂场周围 3 千米范围内应具备丰富的蜜粉源植物,至少一种主要蜜粉源植物。

**3.7**　蜜粉源植物的农药种类和使用应符合 NY/T 393 的规定,肥料种类和使用应符合 NY/T 394 的规定。

## 4 蜂种选择

**4.1** 蜂种宜选用对当地气候、蜜粉源植物适应性良好，抗逆能力强，能维持强群、采集能力强的意大利蜂品种。

**4.2** 确需引种时应就近引入，慎重从气候、蜜粉源条件差异较大的地区引种。禁止从疫区引进蜂王或蜂群。

## 5 人员要求

**5.1** 饲养人员应了解意大利蜜蜂的习性，掌握意大利蜂饲养技术，能对蜜蜂实施良好管理。

**5.2** 养蜂和蜂产品加工人员应至少每年进行1次健康检查，传染病患者禁止从事蜂产品生产。

## 6 饲养管理

### 6.1 蜜蜂繁殖

距主要蜜源大流蜜前63天左右（3个繁殖周期），选气温12℃以上的晴朗天气，开箱整理蜂巢开始繁殖，选用上一年的褐色巢脾，保证脾面完整、平整，并没有雄蜂房。抽出蜂群中的子脾、空脾，合并弱群，紧脾缩群，使蜂多于脾，并断子彻底治螨，开始蜜蜂繁殖。开繁的群势一般8框蜂以上为佳，3框蜂左右的蜂群应组织双王群同箱。春繁期要坚持奖励饲喂，刺激蜂王产卵并激励工蜂积极哺育幼虫。

### 6.2 蜂群饲喂

**6.2.1** 应常年保证蜂群蜜粉饲料充足和水的供应。饲料的来源和使用应符合NY/T 471的规定，饲喂的蜂蜜无发酵，蜂花粉应为一年内新鲜花粉，无生虫和霉变。饲喂蜂群的蜂蜜和花粉应经灭菌处理。

**6.2.2** 巢内贮蜜不足时，应优先补入蜜脾，补喂蜂蜜水时应在傍晚进行，饲喂量以当晚吃完为宜，严格防范盗蜂。饲喂花粉时，先将花粉和适量蜂蜜水混合，使花粉团泡开，混合均匀，做成花粉条或花粉饼，放到蜂群巢脾框梁上供蜜蜂取食。每次饲喂量以蜂群2天食完为宜。

### 6.3 加脾扩繁

随蜂群群势的壮大，及时加脾，添加继箱，扩大蜂巢，防止蜂群分蜂热。

### 6.4 蜂群检查

蜂箱局部或全面检查按NY/T 1160蜂群检查的要求执行。

### 6.5 组织采蜜群

在主要流蜜期根据蜂群群势及贮蜜情况，及时给蜂群添加装满空脾的继箱。新加的继箱位置在第一个继箱上面。

### 6.6 调整蜂脾关系

早春和晚秋气温低时，蜂多于脾；流蜜期，脾多于蜂。常年以强群饲养的模式管理蜂群，强群饲养参照GB/T 41227中5.2、5.3、5.4和5.5条款的规定执行。

### 6.7 更换蜂王

结合当地自然条件，在分蜂季节前培育蜂王，在主要蜜源期来临前更换老王，保证蜂王每年至少更新1次。

### 6.8 防止逃蜂

**6.8.1** 蜂场尽量选在环境安静的地方，避免剧烈震动和噪声。防止蜂箱在阳光下暴晒。

**6.8.2** 应保证蜂群健康，饲养强群，避免蜂群过弱，注意预防盗蜂。

**6.8.3** 非必要不开箱检查蜂群，避免经常性的人为干扰。

### 6.9 控制分蜂热

**6.9.1** 在分蜂期到来前提前更换老、劣蜂王。

**6.9.2** 在蜂群发展期及时加入巢脾以扩大蜂巢，为蜂群提供足够的发展空间。

**6.9.3** 在外界有蜜粉源时，及时加入巢础，促使蜂群多造脾，加重蜂群负担，预防分蜂热。

**6.9.4** 对有分蜂热的蜂群，可将蜂群中的老熟子脾提出，调入弱群中的卵虫脾，增加蜂群的哺育负担，以解除分蜂热。

**6.9.5** 扩大巢门和蜂路，注意防暑遮阴、避免阳光直射巢门，加强蜂群检查，及时清除王台。

### 6.10 越冬管理

**6.10.1** 选择背风向阳、地势高燥、安静的地方越冬，做好箱体保温。

**6.10.2** 提前培育新王和适龄越冬蜂，更换各蜂群中老、劣王。

**6.10.3** 留足蜂群过冬饲粮，每群蜂留 3～5 张蜜脾。

**6.10.4** 每 10 天左右对蜂群进行箱外检查，及时清除巢门口死蜂、杂物。

## 7 病虫敌害综合防治

### 7.1 主要病虫敌害

主要病虫敌害有狄斯瓦螨（大蜂螨）、梅氏热厉螨（小蜂螨）、大蜡螟、小蜡螟、胡蜂、孢子虫病、白垩病、慢性蜜蜂麻痹病等。

## 7.2 定期防疫消毒

### 7.2.1 消毒剂的选择

根据消毒对象采取合适的消毒剂,应选用对人和蜜蜂安全、没有残留毒性、对养蜂设备没有破坏性,并且不会在蜂蜜中产生有毒积累的消毒剂。

### 7.2.2 场地消毒

每到新场地要用0.5%次氯酸钠溶液、0.5%过氧乙酸水溶液或5%漂白粉乳剂对蜂场地面喷洒消毒。

### 7.2.3 蜂机具消毒

**7.2.3.1** 木制蜂箱、竹制隔王板、隔王栅、饲喂器在使用前可用酒精喷灯火焰灼烧消毒,每年至少消毒1次。塑料隔王板、塑料饲喂器、塑料脱粉器可用0.2%过氧乙酸或0.1%新洁尔灭水溶液洗刷消毒,消毒后用清水漂洗干净。

**7.2.3.2** 起刮刀和割蜜刀在使用后要及时清洗干净、妥善保存,使用前用火焰灼烧法或75%的酒精擦拭消毒。

**7.2.3.3** 蜂扫和工作服可经常用4%的碳酸钠水溶液清洗后日光暴晒,防止有霉渍。

## 7.3 巢脾的消毒与保管

**7.3.1** 选用0.1%次氯酸钠、0.2%过氧乙酸或0.1%新洁尔灭水溶液浸泡12小时以上对空巢脾进行消毒,消毒后的巢脾要用清水漂洗、晾干。

**7.3.2** 巢脾保管储存前用96%~98%的冰乙酸密闭熏蒸,每箱体使用量为20~30毫升,以防止大蜡螟、小蜡螟为害巢脾。保存巢脾的仓库应清洁卫生、阴凉、干燥、通风,以避免巢脾霉变。

#### 7.4 防治措施

**7.4.1** 遵循"预防为主,综合防治"的方针,加强蜂群管理,增强蜜蜂的免疫力,发生病害时应优先考虑物理防治和生物防治措施,必要时再使用化学药剂防控。

**7.4.2** 采用更换抗病性强的蜂王、及时隔离患病蜂群等措施防治蜂病。

**7.4.3** 采用强群饲养,保持蜂机具清洁卫生,及时清理蜂箱底部蜡屑,减少蜜蜂疾病的发生。

**7.4.4** 采用扣王断子和割除雄蜂脾等生物防治措施结合化学防治综合治螨。

**7.4.5** 采用巢门防护、诱引捕杀等措施防治胡蜂。

**7.4.6** 禁止使用禁限用兽药,用药应符合 NY/T 472 的规定。推荐使用的药剂、用量、使用方法和休药期等参见附录 A。

### 8 蜂蜜采收和加工

#### 8.1 蜂蜜生产规则

**8.1.1** 患病蜂群或治疗期的蜂群不得用于生产商品蜂蜜。

**8.1.2** 摇蜜机、蜂蜜桶等用于蜂蜜生产的设备及用具应为食品级材质,对人和蜜蜂无毒无害。

**8.1.3** 蜂蜜生产前后应对蜂扫、脱蜂板、摇蜜机等生产用具和装蜜容器进行清洗、消毒、晾干。

**8.1.4** 在蜜源植物施药期间,禁止生产蜂蜜。

#### 8.2 蜂蜜采收

**8.2.1** 蜂蜜的采收应在室内或帐篷内进行,取蜜场所应清洁卫生,禁止露天取蜜。

**8.2.2** 蜂群取蜜时，应采收第二继箱以及之上继箱中的封盖蜜脾。繁殖区和第一储蜜继箱中的蜜脾不取，留为蜜蜂饲料。

**8.2.3** 将脱蜂板安装在第一与第二继箱中间，经过 24 小时左右的工蜂单向活动，采收区完成脱蜂，取出要采收的封盖蜜脾。

**8.2.4** 取出的封盖蜜脾，转移到后熟车间放置 3~5 天，待蜜脾中蜂蜜水分符合 NY/T 752 要求再割开蜡盖取蜜。

**8.2.5** 不同花期添加的继箱中的单花蜜，既可以单独取蜜，也可以多花期继箱混合取蜜。

**8.2.6** 取出的蜂蜜，及时过滤杂质，装入储蜜容器后应密封入库保存。贴上标签，做好记录。

**8.3 蜂蜜加工**

结晶蜂蜜，于环境温度不超过45℃（蜜温不超过38℃）条件下软化（不改变结晶状态），时间为3~5天，达到灌装条件后进行灌装；不结晶蜂蜜可直接灌装。灌装好的蜂蜜贴标签、检验符合NY/T 752要求后，成品入库保存。

**8.4 蜂蜜的包装、储藏和运输**

包装应符合NY/T 658的规定。储藏和运输应符合NY/T 1056的规定。储存场地应阴凉干燥、清洁卫生，远离污染源，不得与有毒、有害、有异味物质同库。

**9 生产废弃物的处理**

生产过程中产生的封盖蜡、蜡屑等废弃物要及时化蜡或深埋，生活垃圾要及时清出蜂场，合理集中处理。

## 10 生产档案

建立蜜蜂饲养和蜂蜜采收、加工档案。蜜蜂饲养档案包括投入品采购、使用、饲养和处理记录,以及疾病防治记录、转场运输记录等;采收档案包括采收日期、蜜源种类、数量、采收人、采收地点等记录;加工档案包括原料名称、投料数量、投料日期、产品批号、产品规格及生产数量等记录。记录内容应完整、真实、准确,保存期限不少于3年。

**附录 A**

**(资料性附录)**

**意大利蜂主要病敌害化学防治及推荐用药**

| 防治对象 | 药物名称 | 剂型 | 使用用法 | 推荐用量<br>(以有效成分计) | 休药期<br>(天) |
|---|---|---|---|---|---|
| 狄斯瓦螨、梅氏热厉螨 | 氟胺氰菊酯 | 挂片 | 悬挂在蜂路上 | 40毫克/片,<br>0.5~1片/群 | 30 |
| 梅氏热厉螨 | 升华硫 | 粉末 | 均匀撒在蜂路或框梁上 | 0.2克/框 | |

### 2. 油菜生产操作规程

蜜源植物种植生产操作规程以油菜为例,编制范例如下。其内容仅供参考,申请人应根据本企业实际情况编制相应的生产操作规程并遵照执行。

# 长江流域绿色食品菜油两用油菜生产操作规程

## 1 范围

本规程规定了长江流域绿色食品菜油两用油菜的产地环境、品种选择、整地播种、田间管理、采收、生产废弃物处理、运输储藏和生产档案管理。

## 2 规范性引用文件

下列文件对于本文件的应用是必不可少的，其最新版本（包括所有的修改单）适用于本文件。

GB 4407.2　经济作物种子　第2部分：油料类

NY/T 415　低芥酸低硫苷油菜籽

NY/T 391　绿色食品　产地环境质量

NY/T 393　绿色食品　农药使用准则

NY/T 394　绿色食品　肥料使用准则

NY/T 1056　绿色食品　贮藏运输准则

NY/T 1290　长江中游地区低芥酸低硫苷油菜　生产技术规程

## 3 产地环境

产地农田土壤、灌溉用水、大气环境质量符合NY/T 391要求，且地势平坦、排灌方便、耕层深厚、肥力水平中上等。

## 4 品种选择

选择适合本区域种植的半冬性中偏早熟,蕾薹期营养体生长旺盛、再生能力强,菜薹口味佳,菜籽产量高的菜油兼用的"双低"甘蓝型油菜品种,如华油杂62、中双9号、中油杂19、大地199、沣油520、赣油杂2号等,要求"双低"品质达到GB 4407.2和NY/T 415的要求。

## 5 整地播种

### 5.1 种子处理

播种前进行拌种,每100千克种子,用800~1 600毫升30%噻虫嗪均匀搅拌后于通风干燥处晾干,即可播种。

### 5.2 茬口安排

前茬为水稻等水田作物或十字花科作物连作不超过2年的其他旱作作物,收获期应在9月上旬以前。

### 5.3 大田准备

前茬作物收获后及时耕翻,耕深25~30厘米,要求耕深一致,不漏耕。开沟机开沟做厢,沟宽40~50厘米,沟深30~40厘米,要求沟向平直,沟沟相通,厢宽一般为1.5~2.0米,厢长根据田块而定,一般超过30米须做中沟,要求厢面田平、草净、墒足、土壤上虚下实。

### 5.4 底肥施用

肥料施用应符合NY/T 394的要求。每亩底施腐熟农家肥3 000~4 000千克+氮磷钾三元复合肥($N:P_2O_5:K_2O=16:8:18$）

20千克+10%硼砂1千克，或氮磷钾三元复合肥25~30千克+10%硼砂1千克，要求分厢等量施用，做到用肥均匀。底肥施用移栽方式采用穴施，直播方式采用撒施或机施。禁用含有垃圾、污泥、工业废料和未知来源的农家肥。

### 5.5 移栽种植

#### 5.5.1 播种期

移栽育苗播种期长江以北地区8月中下旬，长江以南地区9月中上旬。

#### 5.5.2 苗床

选择土壤肥沃、排灌方便，且不含十字花科作物活体种子的地块用作苗床。苗床与大田用地面积比在1∶5左右。要求土壤细碎、厢面平整，厢宽1.3~1.5米，厢沟深15~20厘米，且围边沟要深于厢沟。

#### 5.5.3 苗床施肥

亩施有机肥1 500千克，过磷酸钙50千克+氯化钾15千克+硼砂1千克或45%的三元复合肥40千克+硼砂1千克。用肥混合均匀撒于厢面，禁用来源不明的农家肥，特别是十字花科作物秸秆堆制的有机肥。

#### 5.5.4 苗床播种

苗床亩播种量0.4~0.5千克，采用分厢定量匀播，并以火土灰或细土浅层覆盖，厚度控制在2~3厘米。播种后沟灌润土，确保水灌到每条厢沟，但水面不超过厢面，待表层土充分湿润后排除存水。

#### 5.5.5 苗床管理

出苗期5天内遇干旱及时泼浇保苗，遇多雨则须排水防渍。齐苗后及时疏苗,一般在第一片真叶期间苗,以拔除丛生苗为主,3~4叶期定苗,每平方米留苗100~130株。定苗后每亩追施尿素4~5千克。

### 5.5.6 大田移栽

移栽前将移栽田块前茬残留作物及时清除,深翻耕后晒土3~5天。用开沟机开沟、做厢,沟宽40~50厘米,沟深30~40厘米,要求厢沟、腰沟、边沟沟向平直,且沟沟相通。厢宽一般为1.5~2.0米,厢长根据田块而定,一般超过30米须做中沟,要求做到厢面田平、草净、墒足、土壤上虚下实,并进行田间老草防治。移栽前1~2天根据种植密度挖穴,并参照5.4进行穴施底肥。移栽密度偏早熟品种在8 000~12 000株/亩,行距25~30厘米,株距25厘米左右;中熟品种7 000~8 000株/亩,行距30~35厘米,株距30厘米左右。在苗龄30~35天时及时移栽于备用大田,移栽前一天将苗床浇透,起苗时尽量带土护根。移栽时按幼苗大小分级种植,并做到苗正、根直、栽稳,边栽边浇定根水。

### 5.6 直播种植

### 5.6.1 播种期

直播播种期长江以北地区9月中下旬,长江以南地区10月上中旬。

### 5.6.2 播种量

每亩播种250~350克,早播、条播、点播、机播取下限值,迟播、撒播、喷播取上限值。

### 5.6.3 播种方式

采取开沟条播、挖窝点播或在田面撒播3种方式。撒播、喷播方式可每亩混配2~3千克尿素分厢定量匀播,机播方式可按面积定量并在大田施用底肥时同步操作。

### 5.6.4 直播出苗及管理

播种后沿厢沟灌，确保水能到达每条厢沟，且水面不超过厢面。灌水后1天左右及时排干"跑马水"，并进行芽前封闭除草。出苗后，2~3片真叶时间苗，5~6片真叶时定苗。条播、穴播每亩留苗1.5万~2.0万株；撒播每亩留苗2万~3万株。。

## 6 田间管理

### 6.1 苗期管理

油菜出苗后视虫害发生情况适时防治跳甲、菜青虫等。可在3~6片真叶时中耕除草1次。菜油两用油菜重在秋发栽培，秋季如遇干旱，应及时灌水抗旱保旺苗，并视苗情于冬前增施45%三元复合肥10~20千克。

### 6.2 蕾薹期管理

蕾薹期应注意田间清沟排渍，清理厢围沟，做到厢沟、中沟和围沟三沟配套，厢面无积水；应尽量选择晴朗天气摘薹，摘薹后及时增施5千克/亩尿素促进恢复生长。

### 6.3 花期和角果期管理

摘薹田块每亩用200克多菌灵兑水50升均匀喷雾，预防菌核病发生。在初花期前后每亩喷施0.3%的硼肥溶液50升左右，以预防油菜花而不实现象。

### 6.4 病虫草害防治

遵循"预防为主，综合防治"的原则，采用农业防治、物理防治、生物防治及符合《绿色食品 农药使用准则》（NY/T 393）

的药剂进行综合防治。菜油两用油菜生产提倡轮作，换茬前将播种田块内病叶、病株和病源杂草清理干净，保持田间清洁；苗期和成熟期在田间设置诱虫黄板诱杀有翅成虫，或利用瓢虫、食蚜蝇、蚜茧蜂等天敌控制虫害，或进行药剂防治；提倡在摘薹后盛花期和终花期各防治1次菌核病。油菜田草害防治主要采取播前杀灭前茬老草、播后苗期前土壤封闭除草和直接杀灭田间杂草3个阶段。

## 7 采收

### 7.1 油菜薹收获

油菜薹高度达到30厘米左右时开始采摘，一般收取主茎上部15~20厘米，保留桩10厘米左右。应依据油菜薹高度取大留小分批采摘，切忌大小苔同时采摘，以免影响菜薹产量与质量。收取的菜薹宜及时上市，常温保存期为1~2天，低温保存可适当延长保鲜期。

长江中上游地区油菜薹采收时间不迟于2月中旬，长江下游地区油菜薹采收时间不迟于2月中旬，采收过迟不仅会影响油菜薹的口感，且会影响后期菜籽的产量。采收次数一般控制在2~3次为宜。

### 7.2 油菜籽收获

人工收获以80%左右的油菜角果呈枇杷黄色、下部角果籽粒开始变褐时为最佳收获期。割倒并晾晒5~7天后进行脱粒。机械联合收获务必在达到完熟、下部角果籽粒转黑时开始收获。

## 8 生产废弃物的处理

机收的秸秆可粉碎后直接还田，人工收获的秸秆可搬运至晒场收打或在田间收打后集中堆沤腐熟后还田；对同时产生的少量农药、肥料包装袋等不可降解垃圾，应及时分类回收，交由垃圾处理站统一处理。

## 9 运输储藏

油菜籽收获后应在晴天及时暴晒,晾晒后必须完全冷凉后方可入仓。若要存放到夏季高温季节前进行加工榨油,须含水量在10%以下;若须较长时期保藏,水分应降至8%以下矮堆或包装堆存,供陆续加工榨油;油菜籽水分含量在10%以上,达不到加工榨油要求,一般只能保存1~3周,须及时晾晒至水分合格。油菜籽产品储藏与运输按照NY/T 1056的规定执行。

## 10 生产档案管理

生产者应建立生产档案,记录种子、农药、化肥等生产投入品的采购、出入库情况,记录品种、施肥、病虫草害防治、采收以及田间操作管理措施等,记录应真实、准确、规范,并具有可追溯性,生产档案应由专人专柜保管,至少保存3年以上。

### (四)基地来源证明材料范例

基地来源证明材料范例如下。其内容仅供参考,申请人根据本企业实际情况提供真实材料。

**1. 养殖基地来源**

本范例中,蜂农自愿加入了湖北××有限公司的联合养蜂场,双方签订了《养蜂协议》。

# 养蜂协议

甲方：湖北××有限公司　　（收购方）

乙方：<u>周望</u>　　　　　　（养殖方）

根据《中华人民共和国合同法》及其他有关法律法规的规定，甲乙双方在平等、自愿、公平、协商一致的基础上，养蜂户自愿加入甲方联合养蜂场，开发生产绿色蜂产品，甲方也同意给乙方投资养蜂设施，扩大乙方的养殖规模，甲乙双方达成协议如下。

一、甲方的权利和义务

（1）甲方无偿投资乙方养蜂设施，主要包括帐篷1套、不锈钢摇蜜机1个、新蜂箱××套，合计价值×××元。

（2）甲方负责蜂具的统一供应，乙方自费购买。

（3）甲方负责对乙方进行统一的技术指导和培训，免费发放培训资料。

（4）甲方负责对乙方进行组织管理，指定乙方的放蜂路线和地域，并负责解决乙方在放蜂过程中出现的一切问题。

（5）乙方按照甲方要求每年在××地域生产合格的绿色蜂产品，经由第三方机构测合格后，甲方按照约定好的价格收购。

二、乙方的权利和义务

（1）乙方必须认真学习绿色食品蜂产品生产规范，按照绿色食品蜂产品生产规范进行原料生产。加强行业自律和自身约束，严禁掺假使杂和其他不规范行为。

（2）乙方必须接受甲方的统一管理，必须按照甲方要求进行蜂群的强群强养。

（3）乙方必须按照甲方指定的放蜂路线和区域放蜂，不得脱离。

（4）乙方必须按照甲方要求进行绿色食品蜂产品生产，原则上要求7天取一次蜜，蜂蜜浓度必须在41.5波美度以上，其他相关指标要符合绿色食品蜂产品要求。

（5）乙方生产的蜂产品必须全部交售给甲方，不得销售给其他单位或个人。

三、违约责任

（1）甲乙双方必须按照以上权利及义务进行合作，乙方如出现第二条第（1）款或第（5）款禁止的情况，甲方则收回投资，并且乙方向甲方支付蜂场投资总额10%的违约金。

（2）甲方如因非产品质量问题，未按照约定价格收购乙方蜂产品，甲方应支付乙方蜂场投资总额10%的违约金。

四、其他约定事项

（1）双方合作期限为5年，由于自然灾害、重大灾情等不可抗力造成的蜂场重大损失，甲乙双方应按照国家有关规定协商解决。

（2）本合同未尽事宜，另行协商解决。

（3）纠纷处理办法：甲乙双方协商或由××区人民法院裁决。

（4）本合同一式两份，甲乙双方各执一份。

甲方：湖北××有限公司　　乙方：*周望*
时间：20××年×月×日　　　时间：20××年×月×日

## 2. 种植基地来源

本范例中，湖北××有限公司与两个农户签订了《油菜场地放蜂合同》，两个农户的明细信息体现于《蜜源植物基地清单》。《油菜场地放蜂合同》以其中一名农户何意为例。

### 蜜源植物基地清单

| 序号 | 基地村名 | 蜜源作物 | 种植面积（天然面积） | 负责人员 |
| --- | --- | --- | --- | --- |
| 1 | 湖北省××县××村 | 荆条树、百花 | 1.5万亩 | 周望 |
| 2 | 湖北省××县××农业生产区 | 油菜花 | 1.0万亩 | 何意 |

申请人（盖章）

## 油菜场地放蜂合同

甲方：何意

乙方：湖北××有限公司

本着甲乙双方互利合作的原则，甲方将个人所有的油菜农用耕地供给乙方进行放蜂传粉。甲乙双方本着平等、自愿、无偿的原则，签订本合同，共同信守。

一、土地面积

甲方自愿将1万亩油菜田提供给乙方放蜂采蜜使用。

二、土地的合作经营期限

该合作期限为10年，预计每年3月1日蜜蜂进场，至4月1日结束，为期1个月。

三、合同金额

双方无须向对方支付费用，甲方的1 800群蜜蜂在乙方油菜田中采蜜传粉，使油菜增产20%。

四、甲乙双方的权利和义务

（一）甲方的权利和义务

（1）对蜜蜂采蜜进行监督，保证土地按照合同约定的用途合理利用。

（2）保障乙方自主经营，不侵犯乙方的合法权益。

（3）协助乙方进行蜜蜂传粉工作。

（二）乙方的权利和义务

（1）按照合同约定的用途和期限，有权依法利用种植油菜的土地。

（2）享有公共设施的使用权。

（3）乙方可在合作土地上建设与约定用途有关的生产、生活设施。

五、合同的变更和解除

（1）本合同一经签订，即具有法律约束力，任何单位和个人不得随意变更或解除。经甲乙双方协商一致签订书面协议方可变更或解除本合同。

（2）本合同履行中，如因不可抗力致使本合同难以履行时，本合同可以变更或解除，双方均不承担责任。

（3）本合同期满，如继续合作，乙方享有优先权，双方应于本合同期满前半年续约。

六、其他约定事项

（1）本合同经甲乙双方签章后生效。

（2）本合同履行中如发生纠纷，甲乙双方协商解决；如协商不成，甲乙双方同意向当地仲裁委员会申请仲裁。

（3）本合同未尽事宜，可由双方约定后签订补充协议，补充协议与本合同具有同等法律效力。

（4）本合同一式两份，甲乙双方各一份。

出租方签字：何意　　　承租方：

油菜花放蜂场地隶属××县全国绿色食品原料标准化生产基地，相关证明文件与全国绿色食品原料标准化生产基地证书如图4-12和图4-13所示。

图4-12　全国绿色食品原料标准化生产基证明文件

图4-13　全国绿色食品原料标准化生产基地证书

## （五）基地图范例

### 1. 养殖基地图

养殖基地图范例如图4-14和图4-15所示。其内容仅供参考，申请人应根据本基地实际情况绘制基地图。

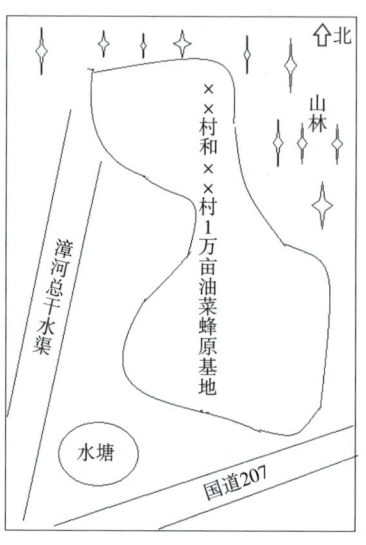

图4-14　荆条蜜粉源、百花蜜粉源基地图范例　　图4-15　油菜蜜粉源基地图范例

### 2. 加工厂平面图

加工厂平面图范例如图4-16所示。

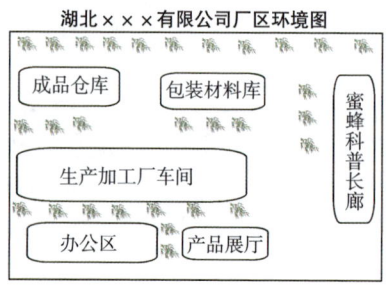

图4-16　蜂蜜加工厂平面图范例

## 第四章 绿色食品蜂产品申报范例

### (六) 预包装标签设计样张范例

预包装标签设计样张范例如图4-17和图4-18所示。申请人应提供带有绿色食品标志的预包装设计样张。

图4-17 荆条蜂蜜包装标签范例　　图4-18 油菜花蜜包装标签范例

### (七) 其他相关材料范例

营业执照示范例如图4-19所示,食品生产许可证及其明细表范例如图4-20和图4-21所示,商标注册证范例如图4-22所示,绿色食品内检员培训合格证书范例如图4-23所示,国家追溯平台生产经营主体

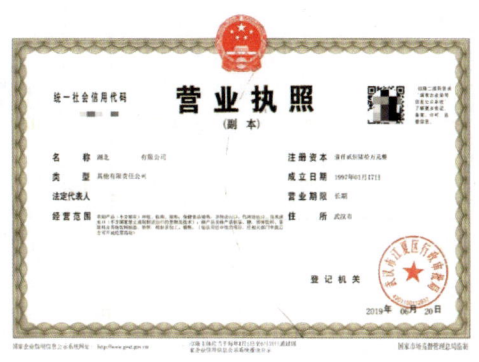

图4-19 营业执照范例

注册信息表范例如图4-24所示。

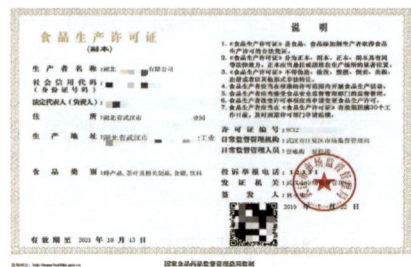

图4-20　食品生产许可证范例

图4-21　食品生产许可证明细表范例

图4-22　商标注册证范例

图4-23　绿色食品内部检查员培训合格证书范例

# 第四章
绿色食品蜂产品申报范例

## 国家追溯平台生产经营主体注册信息表

2020-09-29 17:09

| | | | | |
|---|---|---|---|---|
| 主体信息 | 主体名称 | 湖北××有限公司 | | 电子身份标识 |
| | 主体身份码 | | | |
| | 组织形式 | 企业/个体工商户 | | |
| | 主体类型 | 生产经营主体 | | |
| | 主体属性 | 加工企业 | | |
| | 所属行业 | 其他 | 企业注册号 | |
| | 证件类型 | 三证合一营业执照<br>（无独立组织机构代码证） | 组织机构代码 | 无 |
| | 营业期限 | 长期 | | |
| | 详细地址 | | | |
| | 企业类型 | 非农垦企业非地理标志认证 | | |
| 法定代表人及联系信息 | 法定代表人姓名 | | 法定代表人证件类型 | 大陆身份证 |
| | 法定代表人证件号码 | | 法定代表人联系电话 | |
| | 联系人姓名 | | 联系人电话 | |
| | 联系人邮箱 | | | |
| 证照信息 | | | | |
| 法人身份证件信息 | | | | |

图 4-24　国家追溯平台生产经营主体注册信息表范例

# 第五章
# 绿色食品蜂产品申报常见问题

## 一、关于绿色食品申报流程

**1. 申请使用绿色食品标志，需要经过哪些环节？**

申请使用绿色食品标志一般要经过8个基本环节：申请人提出申请→绿色食品工作机构受理审查→检查员现场检查→产地环境质量检测和产品检测→省级绿色食品工作机构初审→中国绿色食品发展中心综合审查→绿色食品专家评审→中国绿色食品发展中心发布颁证决定。

**2. 初次申请使用绿色食品标志，需要提前做哪些准备？**

申请使用绿色食品标志的申请人确定申报之前有3点必须提前准备和注意：一是安排负责生产和质量安全管理的专业技术人员或管理人员登录"绿色食品内检员培训管理系统"（http://px.greenfood.org/login）参加绿色食品相关培训，并获得绿色食品企业内部检查员证书，确保企业有个"明白人"，负责绿色食品申报和生产管理工作；二是登录国家农产品质量安全追溯管理信息平台（http://www.qsst.moa.gov.cn），完成生产经营主体注册；三是要在产品收获前3个月提出申请，确保现场检查、产地环境质量检测和产品检测可以在合适的生产季开展。

**3. 在《绿色食品标志使用申请书》中，申请分为 3 种类型，应该怎样选择？**

绿色食品申请分为3种类型，即初次申请、续展申请和增报申请。

初次申请是指符合绿色食品标志使用申报条件的申请人首次向中国绿色食品发展中心提出使用绿色食品标志的申请。续展申请是指已获得绿色食品证书的标志使用人，证书有效期即将届满（有效期3年），需要继续使用绿色食品标志所提出的申请，注意应在证书有效期满3个月前向省级绿色食品工作机构提出申请。增报申请是指绿色食品标志使用人在已获证产品的基础上，申请在其他产品上使用绿色食品标志或申请增加已获证产品产量。具体包括以下类型：①申请已获证产品的同类多品种产品；②申请与已获证产品产自相同生产区域的非同类多品种产品，如采集区域相同的蜜蜂与蜂王浆产品；③申请增加已获证产品的产量；④已获证产品总产量保持不变，将其拆分为多个产品，或将多个产品合并为一个产品。增报申请可以在绿色食品标志使用期间提出，也可在续展申请时一并提出。

## 二、关于绿色食品申报资质条件

**1. 某市协会要申请使用绿色食品标志，以便其所有会员企业都可以使用绿色食品标志，是否符合绿色食品申请资质条件？**

不符合。

《绿色食品标志管理办法》第十条、《绿色食品标志许可审查程序》第五条和《绿色食品标志许可审查工作规范》第十一条要求：申请使用绿色食品标志的生产单位应能够独立承担民事责任。范围包括国家市场监督管理部门登记注册并取得营业执照的企业法人、农民专业合作社、个人独资企业、合伙企业、家庭农场、国有农场、国有林场和兵团团场等生产单位。行业协会等社团组织不具备生产能力，不能作为申请人。

**2. 某地一家农村集体经济组织想申请使用绿色食品标志，是否符合绿色食品申请资质条件？**

不符合。

按照《绿色食品标志许可审查程序》第五条和《绿色食品标志许可审查工作规范》第十一条规定，申请使用绿色食品标志的生产单位必须是经国家市场监督管理部门登记注册并取得营业执照的企业法人、农民专业合作社、个人独资企业、合伙企业、家庭农场、国有农场、国有林场和兵团团场等生产单位。农村集体经济组织非国家市场监督管理部门登记注册的生产主体，不能作为申请人。

**3. 一家蜂蜜加工企业2022年6月注册成立，2023年3月提出绿色食品标志使用申请，是否符合申请资质条件？**

不符合。

《绿色食品标志管理办法》第十条、《绿色食品标志许可审查程序》第五条和《绿色食品标志许可审查工作规范》第十一条规定，绿色食品申请人应具有完善的质量管理体系，在提出申请时应至少稳定运行1年。该企业申报时成立仅9个月，不满足稳定运行1年的要求。

**4. 无固定生产基地的经销商是否可以申报？**

不可以。

《绿色食品标志管理办法》第十条、《绿色食品标志许可审查程序》第五条和《绿色食品标志许可审查工作规范》第十一条规定，绿色食品申请人应具有稳定的生产基地，有绿色食品生产的环境条件和生产技术，具有完善的质量管理体系并至少稳定运行1年，因此，无固定生产基地的经销商不可以申报。

**5. 申请人已取得"蜂蜜"绿色食品证书,可否在"蜂王浆"产品上使用?**

不可以。

绿色食品实行"一品一号"制度,不能在未获得绿色食品证书的产品上使用,如在其他产品上使用绿色食品标志,须进行该产品的绿色食品申报。

## 三、关于绿色食品生产要求

**1. 绿色食品蜜蜂养殖过程中蜜源地和蜂场有什么要求?**

蜜源地应符合《绿色食品 产地环境质量》(NY/T 391)要求,在生态环境良好、无污染地区,远离工矿业、公路铁路干线和生活区,避开污染源;应具可持续生产能力,肥料和农药的使用应符合《绿色食品 肥料使用准则》(NY/T 394)、《绿色食品 肥料使用准则》(NY/T 393)的要求;蜂场周边应具有能满足蜂群繁殖和蜂产品生产的蜜源植物,周围半径5千米范围内不应存在有毒蜜源植物,应具有清洁的水源;流蜜期内蜂场周围半径5千米范围如有处于花期的常规作物,应采取有效隔离措施。

**2. 绿色食品蜜蜂养殖管理过程对兽药选用有什么要求?**

蜜蜂饲养环境应符合《绿色食品 产地环境质量》(NY/T 391)规定,做好卫生防疫工作,建立生物安全体系,增强免疫力和抗病力,在养殖过程中宜不用或少用药物。确需使用兽药时,应在执业兽医指导下,按照《绿色食品 兽药使用准则》(NY/T 472)规定,在可使用的兽药中选择使用,严格执行药物用量、用药时间、休药期等要求,并建立兽药使用记录和档案管理制度。严禁使用《绿色食品 兽药使用准则》(NY/T 472)"表A.1 生产A级绿色食品不应使用的药物目录"中的兽药。

**3. 绿色食品蜜蜂越冬期间对饲料及饲料添加剂选用有什么要求？**

蜜蜂养殖过程中使用饲料和饲料添加剂应按照《绿色食品 饲料及饲料添加剂使用准则》（NY/T 471）标准执行，遵循3条基本原则：一是安全优质原则；二是绿色环保原则；三是以天然原料为主原则。蜜蜂越冬期的饲料本着提供蜂群持续健康生长、发展必须营养的原则，主要补饲自流蜜和花粉，重金属污染、发酵的蜂蜜，生虫、霉变的花粉不应用作为蜂群饲料。越冬饲料不足时，补充饲料应符合《绿色食品 饲料及饲料添加剂使用准则》（NY/T 471）要求，例如，可补饲绿色食品白糖，不宜补饲红糖。

**4. 如果申请人蜂产品仅有部分申报绿色食品，在生产管理上需要注意什么？**

如果申请人只是将部分产品申报绿色食品，即存在平行生产情况，在生产管理上一定要有完善的生产平行生产管理措施。针对生产过程、收获、储藏、运输等实施区分管理，包括生产区域隔离、投入品分区储藏、运输隔离分批等区分管理措施，同时应做好详细记录，保证绿色食品与非绿色食品的区分隔离，可有效追溯。

## 四、关于绿色食品产地环境和产品检验

**1. 申请人收到绿色食品工作机构反馈的《现场检查意见通知书》，告知现场检查合格，如何委托产地环境和产品检测？**

现场检查合格后，申请人根据《现场检查意见通知书》，委托绿色食品定点检测机构按相应项目开展抽样和检测。检测机构接受申请人委托后，依据《绿色食品 产地环境调查、监测与评价规范》（NY/T 1054）和《绿色食品 产品抽样准则》（NY/T 896）开展现场抽样，并自环境抽样之日起30个工作日内、产品抽样之日起20个工作日内完成检测工作，出具《环境质量监测报告》和《产

品检验报告》，发送申请人。

绿色食品定点检测机构是指具有相应的检验检测资质和技术能力，经中国绿色食品发展中心考核认定，承担绿色食品检测工作任务的检验检测机构。申请人可登录"中国绿色食品发展中心"网站（www.greenfood.agri.cn）查询"绿色食品定点检测机构"信息。

**2. 申请绿色食品蜂蜜产品，什么情况下可以申请免测环境？**

一是符合《绿色食品　产地环境质量》（NY/T 391）和《绿色食品　产地环境调查、监测与评价规范》（NY/T 1054）规定的免测情况；二是蜂产品野生蜜源基地的土壤免测；三是续展申请人经绿色食品检查员现场检查和省级绿色食品工作机构确认后，其产地环境符合免检要求可免做抽样检测。

**3. 某申请人申请蜂蜜和蜂王浆两个产品使用绿色食品标志，是否可以只检测一个产品？**

不可以。

按照《绿色食品　蜂产品》（NY/T 752）规定，蜂产品和蜂王浆感官要求、理化指标、污染物限量、农药残留限量和兽药残留限量均不同，每个申请产品均须抽样检测。

## 五、关于绿色食品标志使用

**1. 绿色食品证书上包括哪些信息？**

证书是绿色食品标志使用人合法有效使用绿色食品标志的凭证，绿色食品证书内容包括产品名称、商标名称、生产单位及其信息编码、核准产量、产品编号、标志使用许可期限、颁证机构、颁证日期等。

**2. 申请人在绿色食品证书有效期内,证书信息发生变化需要变更,如何操作?**

绿色食品证书有效期内,标志使用人的产地环境、生产技术、质量管理制度等未发生变化,标志使用人名称、产品名称、商标名称等一项或多项发生变化的,标志使用人应向其注册所在地省级绿色食品工作机构提出证书变更申请。证书变更需要提交以下材料:①《绿色食品标志使用证书变更申请表》;②绿色食品证书原件;③标志使用人名称变更的,应提交核准名称变更的证明材料;④商标名称变更的,应提交变更后的商标注册证复印件;⑤如已获证产品为预包装产品,应提交变更后的预包装标签设计样张。

**3. 未按期续展的企业是否可以继续使用绿色食品标志?**

不可以。

绿色食品标志证书有效期为3年,续展申请人应在绿色食品证书到期前3个月向绿色食品管理部门提出续展申请。证书到期后未续展的原绿色食品企业不能继续使用绿色食品标志。

**4. 申请人涉及总公司、分公司和子公司的,在使用绿色食品标志上需要注意哪些问题?**

一般有两种情形:①以总公司名义统一申报绿色食品,子公司或分公司作为总公司的受委托方,总公司获证后如使用统一的包装,可在包装上统一使用总公司的绿色食品企业信息码,同时标注总公司和子公司或分公司的名称,向消费者和监管部门明示不同的生产商;②总公司与子公司分别申报绿色食品并领取证书,如使用统一的包装,在绿色食品标志图形、文字下方可不标注绿色食品企业信息码,而在包装上的其他位置同时标注总公司和子公司的具体名称及其绿色食品企业信息码,区分不同的生产商。

5.获得绿色食品标志使用许可的申请人是否可以将绿色食品标志授权给其他企业生产的未经许可产品？

不可以。

根据《绿色食品标志管理办法》第二十一条规定，禁止将绿色食品标志用于非许可产品及其经营性活动。按照《绿色食品标志使用合同》的总则，中国绿色食品发展中心是绿色食品标志的唯一所有人和许可人。

# 参考文献

陈大福，付中民，2007. 蜜蜂病毒的传播方式 [J]. 中国蜂业（10）：23-24.

李继莲，郭军，2020. 蜜蜂养殖实用技术 [M]. 2版. 北京：化学工业出版社.

王彪，李勇，罗术东，2020. 蜜蜂健康高效养殖技术 [M]. 北京：化学工业出版社.

席桂萍，2021. 中国蜂产业经济发展研究 [M]. 北京：中国经济出版社.

张华荣，2022. 绿色食品工作指南（2022版）[M]. 北京：中国农业出版社.

中国绿色食品发展中心，2014. 绿色食品标志许可审查程序［EB/OL］. [2014-05-28]. http://www.greenfood.agri.cn/ywzn/lssp/shpj/202306/t20230609_7993848.htm.

中国绿色食品发展中心，2022. 2021绿色食品发展报告 [M]. 北京：中国农业出版社.

中国绿色食品发展中心，2022. 绿色食品标志许可审查工作规范［EB/OL］. [2022-02-23]. http://www.greenfood.agri.cn/tzgg/202306/t20230612_7995091.htm.

中国绿色食品发展中心，2022. 绿色食品申报指南·牛羊卷 [M]. 北京：中国农业科学技术出版社.

# 参考文献

中国绿色食品发展中心，2022. 绿色食品现场检查工作规范［EB/OL］. [2022-02-23]. http://www.greenfood.agri.cn/tzgg/202306/t20230612_7995091.htm.

中国绿色食品发展中心，2022. 绿色食品现场检查指南 [M]. 北京：中国农业科学技术出版社.

中国绿色食品发展中心，2022. 最新中国绿色食品标准（2022版）[M]. 北京：中国农业出版社.

中华人民共和国农业部，2006. GB/T 1241—2006 蜂产品加工技术管理规范［S］. 北京：中国农业出版社.

中国绿色食品发展中心，2022. 绿色食品标志许可审查指南 [M]. 北京：中国农业科学技术出版社.

中华人民共和国农业部，2008. GB/T 21528—2008 蜜蜂产品生产管理规范［S］. 北京：中国农业出版社.

中华人民共和国农业部，2015. NY/T 2792—2015 蜂产品感官评价方法［S］. 北京：中国农业出版社.

中华人民共和国农业行业标准

NY/T 472—2022

# 绿色食品 兽药使用准则

Green food —Veterinary drug application guideline

## 1 范围

本文件规定了绿色食品生产中兽药使用的术语和定义、基本要求、生产绿色食品的兽药使用规定和兽药使用记录。

本文件适用于绿色食品畜禽养殖过程中兽药的使用和管理。

## 2 规范性引用文件

下列文件中的内容通过文中的规范性引用而构成本文件必不可少的条款。其中，注日期的引用文件，仅该日期对应的版本适用于本文件；不注日期的引用文件，其最新版本（包括所有的修改单）适用于本文件。

GB/T 19630 有机产品 生产、加工、标识与管理体系要求

GB 31650　食品安全国家标准　食品中兽药最大残留限量

NY/T 391　绿色食品　产地环境质量

NY/T 473　绿色食品　畜禽卫生防疫准则

NY/T 3445　畜禽养殖场档案规范

中华人民共和国兽药典

中华人民共和国国务院令　第726号　国务院关于修改和废止部分行政法规的决定　兽药管理条例

中华人民共和国农业部公告　第176号　禁止在饲料和动物饮用水中使用的药物品种目录

中华人民共和国农业农村部公告　第194号　停止生产、进口、经营、使用部分药物饲料添加剂，并对相关管理政策作出调整

中华人民共和国农业农村部公告　第250号　食品动物中禁止使用的药品及其他化合物清单

中华人民共和国农业农村部　海关总署公告　第369号　进口兽药管理目录

中华人民共和国农业部公告　第1519号　禁止在饲料和动物饮水中使用的物质名单

中华人民共和国农业部公告　第2292号　在食品动物中停止使用洛美沙星、培氟沙星、氧氟沙星、诺氟沙星4种兽药，撤销相关兽药产品批准文号

中华人民共和国农业部公告　第2428号　停止硫酸黏菌素用于动物促生长

中华人民共和国农业部公告　第2513号　兽药质量标准

中华人民共和国农业部公告　第2583号　禁止非泼罗尼及相关制剂用于食品动物

中华人民共和国农业部公告　第2638号　停止在食品动物中使用喹乙醇、氨苯胂酸、洛克沙胂等3种兽药

## 3 术语和定义

下列术语和定义适用于本文件。

**3.1**

**AA级绿色食品　AA grade green food**

产地环境质量符合NY/T 391的要求,遵照绿色食品标准生产,生产过程遵循自然规律和生态学原理,协调种植业和养殖业的平衡,不使用化学合成的肥料、农药、兽药、渔药、添加剂等物质,产品质量符合绿色食品产品标准,经专门机构许可使用绿色食品标志的产品。

**3.2**

**A级绿色食品　A grade green food**

产地环境质量符合NY/T 391的要求,遵照绿色食品标准生产,生产过程遵循自然规律和生态学原理,协调种植业和养殖业的平衡,限量使用限定的化学合成生产资料,产品质量符合绿色食品产品标准,经专门机构许可使用绿色食品标志的产品。

**3.3**

**兽药　veterinary drug**

用于预防、治疗、诊断动物疾病或者有目的地调节动物生理机能的物质(含药物饲料添加剂),主要包括血清制品、疫苗、诊断制品、微生态制品、中药材、中成药、化学药品、抗生素、生化药品、放射性药品及外用杀虫剂、消毒剂等。

**3.4**

**微生态制品　probiotics**

运用微生态学原理,利用对宿主有益的乳酸菌类、芽孢杆菌类和酵母菌类等微生物及其代谢产物，经特殊工艺用一种或多种微生物制成的制品。

**3.5**

**消毒剂 disinfectant**

是杀灭传播媒介上病原微生物的制剂。

**3.6**

**休药期 withdrawal time**

从畜禽停止用药到允许屠宰或其产品（肉、蛋、乳）许可上市的间隔时间。

**3.7**

**执业兽医 licensed veterinarian**

具备兽医相关技能，依照国家相关规定取得兽医执业资格，依法从事动物诊疗和动物保健等经营活动的兽医。

## 4 要求

### 4.1 基本要求

**4.1.1** 动物饲养环境应符合 NY/T 391 的规定。应加强饲养管理，供给动物充足的营养。按 NY/T 473 规定，做好动物卫生防疫工作，建立生物安全体系，采取各种措施减少应激，增强动物的免疫力和抗病力。

**4.1.2** 按《中华人民共和国动物防疫法》和《中华人民共和国畜牧法》的规定，进行动物疫病的预防和控制，合理使用饲料、饲料添加剂和兽药等投入品。

**4.1.3** 在养殖过程中宜不用或少用药物。确需使用兽药时，应在执业兽医指导下，按本文件规定，在可使用的兽药中选择使用，并严格执行药物用量、用药时间、休药期等。

**4.1.4** 所用兽药应来自取得兽药生产许可证和具有批准文号的生产企业，或在中国取得进口兽药注册证书的供应商。使用的兽药质量应符合《中华人民共和国兽药典》和农业部公告第2513号的规定。

**4.1.5** 不应使用假、劣兽药以及国务院兽医行政管理部门规定禁止使用的药品和其他化合物；不应将未批准兽用的人用药物用于动物。

**4.1.6** 按照国家有关规定和要求，使用有国家兽药批准文号或经农业农村部备案的药物残留检测或动物疫病诊断的胶体金试剂卡、酶联免疫吸附试验（ELISA）反应试剂以及聚合酶链式反应（PCR）诊断试剂等诊断制品。

**4.1.7** 兽药使用应符合《中华人民共和国兽药典》、国务院令第726号、农业部公告第2513号、GB 31650、农业农村部 海关总署公告第369号、农业农村部公告第250号和其他有关农业农村部公告的规定，建立兽药使用记录。

**4.2 生产 AA 级绿色食品的兽药使用规定**

执行GB/T 19630的相关规定。

**4.3 生产 A 级绿色食品的兽药使用规定**

**4.3.1 可使用的药物种类**

**4.3.1.1** 优先使用GB/T 19630规定的兽药、GB 31650允许用于食品动物但不需要制定残留限量的兽药、《中华人民共和国兽药典》和农业部公告第2513号中无休药期要求的兽药。

**4.3.1.2** 国务院兽医行政管理部门批准的微生态制品、中药制剂和生物制品。

**4.3.1.3** 中药类的促生长药物饲料添加剂。

**4.3.1.4** 国家兽医行政管理部门批准的高效、低毒和对环境污染低的消毒剂。

**4.3.2 不应使用的药物种类**

**4.3.2.1** GB 31650 中规定的禁用药物，超出《中华人民共和国兽药典》和农业部公告第 2513 号中作用与用途的规定范围使用药物。

**4.3.2.2** 农业部公告第 176 号、农业农村部公告第 250 号、农业部公告第 1519 号、农业部公告第 2292 号、农业部公告第 2428 号、农业部公告第 2583 号、农业部公告第 2638 号等国家明令禁止在饲料、动物饮水和食品动物中使用的药物。

**4.3.2.3** 农业农村部公告第 194 号规定的含促生长类药物的药物饲料添加剂；不应使用任何促生长类的化学药物。

**4.3.2.4** 附录 A 中表 A.1 所列药物。产蛋供人食用的家禽，在产蛋期不应使用附录 B 中表 B.1 所列药物；产乳供人食用的牛、羊等，在泌乳期不应使用附录 B 中表 B.2 所列药物。

**4.3.2.5** 酚类消毒剂。产蛋期同时不应使用醛类消毒剂。

**4.3.2.6** 国家新禁用或列入限制使用兽药名录的药物。

**4.3.2.7** 附录 A 和附录 B 中所列的药物在国家新颁布标准或法规以后，若允许食品动物使用且无残留限量要求时，将自动从附录中移除。若有限量要求时应在安全评估后，决定是否从附录中移除。

**4.4 兽药使用记录**

**4.4.1** 建立兽药使用记录和档案管理应符合 NY/T 3445 的规定。

**4.4.2** 应建立兽药采购入库记录，记录内容包括商品名称、通用名称、主要成分、生产单位、采购来源、生产批号、规格、数量、有效期、贮存条件等。

**4.4.3** 应建立兽药使用、消毒、动物免疫、动物疫病诊疗、诊断制品使用等记录。各种记录应包括以下所列内容：

a）兽药使用记录，包括商品名称、通用名称、生产单位、采购来源、生产批号、规格、有效期、使用目的、使用剂量、给药途径、给药时间、不良反应、休药期、给药人员等。

b）消毒记录，包括商品名称、通用名称、消毒剂浓度、配制比例、消毒方式、消毒场所、消毒日期、消毒人员等。

c）动物免疫记录，包括疫苗通用名称、商品名称、生产单位、生产批号、剂量、免疫方法、免疫时间、免疫持续期、免疫人员等。

d）动物疫病诊疗记录，包括动物种类、发病数量、圈（舍）号、发病时间、症状、诊断结论、用药名称、用药剂量、使用方法、使用时间、休药期、诊断人员等。

e）诊断制品使用记录，包括诊断制品名称、生产单位、生产批号、规格、有效期、使用数量、使用方法、诊断结果、诊断时间、诊断人员、审核人员等。

**4.4.4** 每年应对兽药生产供应商和兽药使用效果进行一次评价，为下一年兽药采购和使用提供依据。

**4.4.5** 兽药使用记录档案应由专人负责归档，妥善保管。兽药使用记录档案保存时间符合 NY/T 3445 规定，应在产品上市后保存 2 年以上。

# 附录 A
（规范性）

## 生产 A 级绿色食品不应使用的药物

生产 A 级绿色食品不应使用表 A.1 所列的药物。

表 A.1 生产 A 级绿色食品不应使用的药物目录

| 序号 | 种类 | | 药物名称 | 用途 |
|---|---|---|---|---|
| 1 | β-受体激动剂类 | | 所有 β-受体激动剂（β-agonists）类及其盐、酯及制剂 | 所有用途 |
| 2 | 激素类 | 性激素类 | 己烯雌酚（diethylstilbestrol）、己二烯雌酚（dienoestrol）、己烷雌酚（hexestrol）、雌二醇（estradiol）、戊酸雌二醇（estradiol valcrate）、苯甲酸雌二醇（estradiol benzoate）及其盐、酯及制剂 | 所有用途 |
| | | 同化激素类 | 甲基睾丸酮（methytestosterone）、丙酸睾酮（testosterone propinate）、群勃龙（去甲雄三烯醇酮，trenbolone）、苯丙酸诺龙（nandrolone phenylpropionate）及其盐、酯及制剂 | 所有用途 |
| | | 具雌激素样作用的物质 | 醋酸甲孕酮（mengestrolacetate）、醋酸美仑孕酮（melengestrol acetate）、玉米赤霉醇类（zeranol）、醋酸氯地孕酮（chlormadinone Acetate） | 所有用途 |

· 213 ·

(续表)

| 序号 | 种类 | | 药物名称 | 用途 |
|---|---|---|---|---|
| 3 | 催眠、镇静类 | | 安眠酮（methaqualone） | 所有用途 |
| | | | 氯丙嗪（chlorpromazine）、地西泮（安定，diazepam）、苯巴比妥（phenobarbital）、盐酸可乐定（clonidine hydrochloride）、盐酸赛庚啶（cyproheptadine hydrochloride）、盐酸异丙嗪（promethazine hydrochloride） | 所有用途 |
| 4 | 抗菌药类 | 砜类抑菌剂 | 氨苯砜（dapsone） | 所有用途 |
| | | 酰胺醇类 | 氯霉素（chloramphenicol）及其盐、酯 | 所有用途 |
| | | 硝基呋喃类 | 呋喃唑酮（furazolidone）、呋喃西林（furacillin）、呋喃妥因（nitrofurantoin）、呋喃它酮（furaltadone）、呋喃苯烯酸钠（nifurstyrenate sodium） | 所有用途 |
| | | 硝基化合物 | 硝基酚钠（sodium nitrophenolate）、硝呋烯腙（nitrovin） | 所有用途 |
| | | 磺胺类及其增效剂 | 所有磺胺类（sulfonamides）及其增效剂（temper）的盐及制剂 | 所有用途 |
| | | 喹诺酮类 | 诺氟沙星（norfloxacin）、氧氟沙星（ofloxacin）、培氟沙星（pefloxacin）、洛美沙星（lomefloxacin） | 所有用途 |
| | | | 恩诺沙星（enrofloxacin） | 乌鸡养殖 |

（续表）

| 序号 | 种类 | | 药物名称 | 用途 |
|---|---|---|---|---|
| 4 | 抗菌药物 | 大环内酯类 | 阿奇霉素（azithromycin） | 所有用途 |
| | | 糖肽类 | 万古霉素（vancomycin）及其盐、酯 | 所有用途 |
| | | 喹噁啉类 | 卡巴氧（carbadox）、喹乙醇（olaquindox）、喹烯酮（quinocetone）、乙酰甲喹（mequindox）及其盐、酯及制剂 | 所有用途 |
| | | 多肽类 | 硫酸黏菌素（colistin sulfate） | 促生长 |
| | | 有机胂制剂 | 洛克沙胂（roxarsone）、氨苯胂酸（阿散酸，arsanilic acid） | 所有用途 |
| | | 抗生素滤渣 | 抗生素滤渣（antibiotic filter residue） | 所有用途 |
| 5 | 抗寄生虫类 | 苯并咪唑类 | 阿苯达唑（albendazole）、氟苯达唑（flubendazole）、噻苯达唑（thiabendazole）、甲咪唑（mebendazole）、奥苯达唑（oxibendazole）、三氯苯达唑（triclabendazole）、非班太尔（fenbantel）、芬苯达唑（fenbendazole）、奥芬达唑（oxfendazole）及制剂 | 所有用途 |
| | | 抗球虫类 | 氯羟吡啶（clopidol）、氨丙啉（amprolini）、氯苯胍（robenidine）、盐霉素（salinomycin）及其盐和制剂 | 所有用途 |
| | | 硝基咪唑类 | 甲硝唑（metronidazole）、地美硝唑（dimetronidazole）、替硝唑（tinidazole）、洛硝达唑（ronidazole）及其盐、酯及制剂 | 所有用途 |

(续表)

| 序号 | 种类 | | 药物名称 | 用途 |
|---|---|---|---|---|
| 5 | 抗寄生虫类 | 氨基甲酸酯类 | 甲萘威（carbaryl）、呋喃丹（克百威，carbofuran）及制剂 | 杀虫剂 |
| | | 有机氯杀虫剂 | 六六六（BHC，benzene hexachloride）、滴滴涕（DDT, dichloro-diphenyl-tricgloroethane）、林丹（lindane）、毒杀芬（氯化烯，camahechlor）及制剂 | 杀虫剂 |
| | | 有机磷杀虫剂 | 敌百虫（trichlorfon）、敌敌畏（DDV, dichlorvos）、皮蝇磷（fenchlorphos）、氧硫磷（oxinothiophos）、二嗪农（diazinon）、倍硫磷（fenthion）、毒死蜱（chlorpynifos）、蝇毒磷（coumaphos）、马拉硫磷（malathion）及制剂 | 杀虫剂 |
| | | 汞制剂 | 氯化亚汞（甘汞，calomel）、硝酸亚汞（mercurous nitrate）、醋酸汞（mercurous acetate）、吡啶基醋酸汞（pyridyl mercurous acetate）及制剂 | 杀虫剂 |
| | | 其他杀虫剂 | 杀虫脒（克死螨，chlordimeform）、双甲脒（amitraz）、酒石酸锑钾（antimony potassium tartrate）、锥虫胂胺（tryparsamide）、孔雀石绿（malachite green）、五氯酚酸钠（pentachlorophenol sodium）、潮霉素B（hygromycin B）、非泼罗尼（氟虫腈，fipronil） | 杀虫剂 |
| 6 | 抗病毒类药物 | | 金刚烷胺（amantadine）、金刚乙胺（rimantadine）、阿昔洛韦（aciclovir）、吗啉胍（双）胍（病毒灵，moroxydine）、利巴韦林（ribavirin）等及其盐、酯及单、复方制剂 | 抗病毒 |

# 附录 B
（规范性）

# 生产 A 级绿色食品产蛋期和泌乳期不应使用的药物

## B.1 产蛋期不应使用的药物

见表B.1。

表 B.1 产蛋期不应使用的药物目录

| 序号 | 种类 | | 药物名称 |
|---|---|---|---|
| 1 | 抗菌药物类 | 四环素类 | 四环素（tetracycline）、多西环素（doxycycline） |
| | | β-内酰胺类 | 阿莫西林（amoxicillin）、氨苄西林（ampicillin）、青霉素普鲁卡因青霉素（benzylpenicillin/procaine benzylpenicillin）、苯唑西林（oxacillin）、氯唑西林（cloxacillin）及制剂 |
| | | 蓁糖类 | 阿维拉霉素（avilamycin） |
| | | 氨基糖苷类 | 新霉素（neomycin）、安普霉素（apramycin）、大观霉素（spectinomycin）、卡那霉素（kanamycin） |
| | | 酰胺醇类 | 氟苯尼考（florfenicol）、甲砜霉素（thiamphenicol） |

· 217 ·

（续表）

| 序号 | 种类 | | 药物名称 |
|---|---|---|---|
| 1 | 抗菌药类 | 林可胺类 | 林可霉素（lincomycin） |
| | | 大环内酯类 | 红霉素（erythromycin）、泰乐菌素（tylosin）、吉他霉素（kitasamycin）、替米考星（tilmicosin）、泰万菌素（tylvalosin） |
| | | 喹诺酮类 | 达氟沙星（danofloxacin）、恩诺沙星（enrofloxacin）、环丙沙星（ciprofloxacin）、沙拉沙星（sarafloxacin）、二氟沙星（difloxacin）、氟甲喹（flumequine）、噁喹酸（oxolinic acid） |
| | | 多肽类 | 那西肽（nosiheptide）、恩拉霉素（enramycin）、维吉尼亚霉素（virginiamycin） |
| | | 聚醚类 | 海南霉素钠（hainanmycin sodium） |
| 2 | 抗寄生虫类 | | 越霉素A（destomycin A）、二硝托胺（dinitolmide）、马度米星铵（maduramicin ammonium）、地克珠利（diclazuril）、托曲珠利（toltrazuril）、左旋咪唑（levamisole）、癸氧喹酯（decoquinate）、尼卡巴嗪（nicarbazin） |
| 3 | 解热镇痛类 | | 阿司匹林（aspirin）、卡巴匹林钙（carbasalate calcium） |

## B.2 泌乳期不应使用的药物

见表B.2。

表 B.2 泌乳期不应使用的药物目录

| 序号 | 种类 | | 药物名称 |
|---|---|---|---|
| 1 | 抗菌药类 | 四环素类 | 四环素（tetracycline）、多西环素（doxycycline） |
| | | β-内酰胺类 | 苄星氯唑西林（benzathine cloxacillin） |
| | | 大环内酯类 | 替米考星（tilmicosin）、泰拉霉素（tulathromycin） |
| | | 酰胺醇类 | 氟苯尼考（florfenicol） |
| | | 喹诺酮类 | 二氟沙星（difloxacin） |
| | | 氨基糖苷类 | 安普霉素（apramycin） |
| 2 | 抗寄生虫类 | | 阿维菌素（avermectin）、伊维菌素（ivermectin）、左旋咪唑（levamisole）、碘醚柳胺（rafoxanide）、托曲珠利（toltrazuril）、环丙氨嗪（cyromazine）、氟氯苯氰菊酯（flumethrin）、常山酮（halofuginone）、巴胺磷（propetamphos）、癸氧喹酯（decoquinate）、吡喹酮（praziquantel） |
| 3 | 镇静类 | | 赛拉嗪（xylazine） |
| 4 | 性激素 | | 黄体酮（progesterone） |
| 5 | 解热镇痛类 | | 阿司匹林（aspirin）、水杨酸钠（sodium salicylate） |

中华人民共和国农业行业标准

NY/T 752—2020

# 绿色食品 蜂产品

Green food–Bee product

## 1 范围

本标准规定了绿色食品蜂产品的分类、要求、检验规则、标签、包装、运输和储存。

本标准适用于绿色食品蜂蜜、蜂王浆（包括蜂王浆冻干粉）、蜂花粉。不适用于巢蜜、蜂胶、蜂蜡及其制品。

## 2 规范性引用文件

下列文件对于本文件的应用是必不可少的。凡是注日期的引用文件，仅注日期的版本适用于本文件。凡是不注日期的引用文件，其最新版本（包括所有的修改单）适用于本文件。

GB 4789.1 食品安全国家标准 食品微生物学检验 总则

中华人民共和国农业农村部 2020-08-26 发布　　2021-01-01 实施

GB 4789.2　食品安全国家标准　食品微生物学检验　菌落总数测定

GB 4789.3　食品安全国家标准　食品微生物学检验　大肠菌群计数

GB 4789.4　食品安全国家标准　食品微生物学检验　沙门氏菌检验

GB 4789.5　食品安全国家标准　食品微生物学检验　志贺氏菌检验

GB 4789.10　食品安全国家标准　食品微生物学检验　金黄色葡萄球菌检验

GB 4789.15　食品安全国家标准　食品微生物学检验　霉菌和酵母计数

GB 5009.3　食品安全国家标准　食品中水分的测定

GB 5009.4　食品安全国家标准　食品中灰分的测定

GB 5009.5　食品安全国家标准　食品中蛋白质的测定

GB 5009.8　食品安全国家标准　食品中果糖、葡萄糖、蔗糖、麦芽糖、乳糖的测定

GB 5009.11　食品安全国家标准　食品中总砷及无机砷的测定

GB 5009.12　食品安全国家标准　食品中铅的测定

GB 5009.15　食品安全国家标准　食品中镉的测定

GB 7718　食品安全国家标准　预包装食品标签通则

GB 9697　蜂王浆

GB/T 18932.1　蜂蜜中碳-4植物糖含量测定方法　稳定碳同位素比率法

GB/T 18932.10　蜂蜜中溴螨酯、4,4-二溴二苯甲酮残留量的测定方法　气相色谱/质谱法

GB/T 18932.16　蜂蜜中淀粉酶值的测定方法　分光光度法

GB/T 18932.17　蜂蜜中16种磺胺残留量的测定方法　液相色谱—串联质谱法

GB/T 18932.18　蜂蜜中羟甲基糠醛含量的测定方法　液相色谱—紫外检测法

GB/T 18932.19　蜂蜜中氯霉素残留量的测定方法　液相色谱—串联质谱法

GB/T 18932.23　蜂蜜中土霉素、四环素、金霉素、强力霉素残留量的测定方法　液相色谱—串联质谱法

GB/T 18932.24　蜂蜜中呋喃它酮、呋喃西林、呋喃妥因和呋喃唑酮代谢物残留量的测定方法　液相色谱—串联质谱法

GB/T 20573　蜜蜂产品术语

GB/T 20757　蜂蜜中十四种喹诺酮类药物残留量的测定　液相色谱—串联质谱法

GB/T 21167　蜂王浆中硝基呋喃类代谢物残留量的测定　液相色谱—串联质谱法

GB/T 21169　蜂蜜中双甲脒及其代谢物残留量测定　液相色谱法

GB/T 21528　蜜蜂产品生产管理规范

GB/T 21532　蜂王浆冻干粉

GB/T 22945　蜂王浆中链霉素、双氢链霉素和卡那霉素残留量的测定　液相色谱—串联质谱法

GB/T 22947　蜂王浆中十八种磺胺类药物残留量的测定　液相色谱-串联质谱法

GB/T 22995　蜂蜜中链霉素、双氢链霉素和卡那霉素残留量的测定　液相色谱—串联质谱法

GB 23200.100　食品安全国家标准　蜂王浆中多种菊酯类农药残留量的测定　气相色谱法

GB/T 23407　蜂王浆中硝基咪唑类药物及其代谢物残留量的测定　液相色谱—质谱/质谱法

GB/T 23409　蜂王浆中土霉素、四环素、金霉素、强力霉素残留量的测定　液相色谱—质谱/质谱法

GB/T 23410　蜂蜜中硝基咪唑类药物及其代谢物残留量的测定　液相色谱—质谱/质谱法

GB/T 23411　蜂王浆中17种喹诺酮类药物残留量的测定　液相色谱—质谱/质谱法

GB/T 23869　花粉中总汞的测定方法

GB 28050　食品安全国家标准　预包装食品营养标签通则

GB/T 30359　蜂花粉

GB 31636　食品安全国家标准　花粉

GH/T 18796　蜂蜜

农业部781号公告—7—2006　蜂蜜中氟氯苯氰菊酯残留量的测定　气相色谱法

农业部781号公告—9—2006　蜂蜜中氟胺氰菊酯残留量的测定　气相色谱法

JJF 1070　定量包装商品净含量计量检验规则

NY/T 391　绿色食品　产地环境质量

NY/T 393　绿色食品　农药使用准则

NY/T 472　绿色食品　兽药使用准则

NY/T 658　绿色食品　包装通用准则

NY/T 1055　绿色食品　产品检验规则

NY/T 1056　绿色食品　贮藏运输准则

SN/T 0852　进出口蜂蜜检验规程

SN/T 2063　进出口蜂王浆中氯霉素残留量的检测方法　液相色谱—串联质谱法

国家质量监督检验检疫总局令2005年第75号 定量包装商品计量监督管理办法

## 3 术语和定义

GH/T 18796、GB 9697、GB/T 20573、GB/T 21532和GB/T 30359界定的以及下列术语和定义适用于本文件。

### 3.1

**蜂蜜 honey；bee honey**

蜂蜜是由工蜂采集植物的花蜜、分泌物或蜜露，与自身分泌物结合后，在巢脾内转化、脱水、贮存至成熟的天然甜味物质。

### 3.2

**蜂王浆、蜂皇浆 royal jelly**

工蜂咽下腺和上颚腺分泌的，主要用于饲喂蜂王和蜂幼虫的乳白色、淡黄色或浅橙色浆状物质。

### 3.3

**蜂王浆冻干粉、蜂皇浆冻干粉 lyophilized royal jelly powder**

通过真空冷冻干燥方法加工制成的脱水蜂王浆粉末。

### 3.4

**蜂花粉 bee pollen**

工蜂采集显花植物花蕊中的花粉粒，加入唾液和花蜜混合而成的物质。

## 4 要求

### 4.1 产地环境

应符合NY/T 391的要求。

## 4.2 原料生产

应符合NY/T 393、NY/T 472的要求。

## 4.3 生产过程

应符合GB/T 21528的要求。

## 4.4 感官

### 4.4.1 蜂蜜

蜂蜜的感官要求，应符合表1规定。

表 1 蜂蜜感官要求

| 项目 | 要求 | 检验方法 |
|---|---|---|
| 色泽 | 依蜜源品种不同，从水白色至深琥珀色或深色 | GH/T 18796 |
| 气味、滋味 | 具有蜜源植物的花的气味。单一花种蜂蜜应具有该种蜜源植物的花的气味。无酒味等其他异味；口感甜润或细腻 | |
| 状态 | 常温下呈黏稠流体状，或部分及全部结晶。无发酵状态 | |
| 杂质 | 不得含有蜜蜂肢体、幼虫、蜡屑及肉眼可见杂质（含蜡屑巢蜜除外） | |

### 4.4.2 蜂王浆

蜂王浆的感官要求，应符合表2规定。

表 2　蜂王浆感官要求

| 项目 | 要求 | 检验方法 |
|---|---|---|
| 色泽 | 乳白色、淡黄色或浅橙色，有光泽；冰冻状态有冰晶的光泽 | GB 9697 |
| 气味、滋味 | 解冻状态时，应有类似花蜜或花粉的香味和辛香味；气味纯正，不得有发酵、酸败气味；有明显的酸、涩、辛辣和甜味感，上颚和咽喉有刺激感；咽下或吐出后，咽喉刺激感仍会存留一些时间；冰冻状态时，初品尝有颗粒感，逐渐消失，并出现与膏状状态同样的口感 | GB 9697 |
| 状态 | 常温或解冻后呈黏浆状，具有流动性 | |
| 杂质 | 不应有气泡及可见杂质 | |

### 4.4.3　蜂王浆冻干粉

蜂王浆冻干粉的感官要求，应符合表3规定。

表 3　蜂王浆冻干粉感官要求

| 项目 | 要求 | 检验方法 |
|---|---|---|
| 色泽 | 乳白色或淡黄色 | GB/T 21532 |
| 气味、滋味 | 有蜂王浆香气，气味纯正，不得有发酵、发臭等异味。有明显的酸、涩、辛辣味，回味略甜 | GB/T 21532 |
| 状态 | 粉末状 | |
| 杂质 | 无肉眼可见杂质 | |

### 4.4.4　蜂花粉

蜂花粉的感官要求，应符合表4规定。

表 4 蜂花粉感官要求

| 项目 | 要求 | 检测方法 |
|---|---|---|
| 色泽 | 单一品种蜂花粉应具有该品种蜂花粉特有的颜色 | GB 31636 |
| 气味、滋味 | 具有蜂花粉应有的滋味和气味，无异味，无异嗅 | |
| 状态 | 粉末或不规则的扁圆形团粒（颗粒），无虫蛀，无霉变 | |
| 杂质 | 无正常视力可见外来异物 | |

## 4.5 理化指标

### 4.5.1 蜂蜜

应符合表5规定。

表 5 蜂蜜理化指标

| 项目 | 指标 | 检验方法 |
|---|---|---|
| 水分，g/100 g | | SN/T 0852 |
|  荔枝蜂蜜、龙眼蜂蜜、柑橘蜂蜜、鹅掌柴蜂蜜、乌桕蜂蜜 | ≤23 | |
|  其他蜂蜜 | ≤20 | |
| 果糖和葡萄糖，g/100 g | ≥60 | GB 5009.8 |
| 蔗糖，g/100 g | | GB 5009.8 |
|  桉树蜂蜜、柑橘蜂蜜、枇杷蜂蜜、野桂花蜂蜜和紫花苜蓿蜂蜜 | ≤10 | |
|  其他蜂蜜 | ≤5 | |
| 酸度（1 mol/L氢氧化钠），mL/kg | ≤40 | SN/T 0852 |
| 羟甲基糠醛（HMF），mg/kg | ≤40 | GB/T 18932.18 |
| 淀粉酶活性，mL/(g·h) | | GB/T 18932.16 |
|  荔枝蜂蜜、龙眼蜂蜜、柑橘蜂蜜、鹅掌柴蜂蜜 | ≥2 | |
|  其他蜂蜜 | ≥8 | |
| 碳-4植物糖，g/100 g | ≤7 | GB/T 18932.1 |

### 4.5.2 蜂王浆及其冻干粉

应符合表6的规定。

表 6 蜂王浆及其冻干粉理化指标

| 项目 | 指标 | | 检验方法 |
|---|---|---|---|
| | 蜂王浆 | 蜂王浆冻干粉 | |
| 10-羟基-2-癸烯酸，g/100 g | ≥1.6 | ≥4.6 | GB 9697 |
| 水分，g/100 g | ≤67.5 | ≤3.0 | |
| 蛋白质，g/100 g | 11～16 | ≥33 | |
| 总糖（以葡萄糖计），g/100 g | ≤15 | ≤45 | |
| 灰分，g/100 g | ≤1.5 | ≤4.0 | |
| 酸度（1摩尔/升氢氧化钠），mL/100 g | 30～53 | 90～159 | |
| 淀粉 | 不得检出 | 不得检出 | |

### 4.5.3 蜂花粉

应符合表7的规定。

表 7 蜂花粉理化指标

| 项目 | 指标 | 检验方法 |
|---|---|---|
| 水分，g/100 g | ≤6 | GB 5009.3 |
| 蛋白质，g/100 g | ≥15 | GB 5009.5 |
| 灰分，g/100 g | ≤5 | GB 5009.4 |
| 单一品种蜂花粉率，% | ≥90 | GB/T 30359 |
| 碎花粉率，% | ≤3 | GB/T 30359 |
| 总糖（以还原糖计），g/100 g | 15～50 | GB/T 30359 |

（续表）

| 项目 | 指标 | 检验方法 |
|---|---|---|
| 黄酮类化合物（以无水芦丁计），mg/100 g | ≥400 | GB/T 30359 |
| 酸度（以pH表示） | ≥4.4 | GB/T 30359 |

## 4.6 污染物限量、农药残留限量和兽药残留限量

### 4.6.1 蜂蜜

污染物、农药残留和兽药残留限量应符合相关食品安全国家标准的规定，同时符合表8的规定。

表 8 蜂蜜中污染物、农药残留及兽药残留限量

单位为微克每千克

| 项目 | 指标 | 检验方法 |
|---|---|---|
| 总砷（以As计） | ≤200 | GB 5009.11 |
| 铅（以Pb计） | ≤100 | GB 5009.12 |
| 镉（以Cd计） | ≤100 | GB 5009.15 |
| 氟胺氰菊酯（Fluvalinate） | ≤50 | 农业部781号公告-9 |
| 氟氯苯氰菊酯（Flumethrin） | ≤5 | 农业部781号公告-7 |
| 溴螨酯（Bromopropylate） | ≤100 | GB/T 18932.10 |
| 双甲脒（Amitraz） | 不得检出[a] | GB/T 21169 |
| 硝基呋喃类（Nitrofurans）[以3-氨基-2-噁唑烷基酮（AOZ），或5-吗啉甲基-3-氨基-2-噁唑烷基酮（AMOZ），或1-氨基-2-内酰脲（AHD），或氨基脲（SEM）计] | 不得检出[b] | GB/T 18932.24 |

（续表）

| 项目 | 指标 | 检验方法 |
|---|---|---|
| 氯霉素（Chloramphenicol） | 不得检出（<0.1） | GB/T 18932.19 |
| 硝基咪唑类（Nitroimidazoles） | 不得检出[c] | GB/T 23410 |
| 磺胺类（Sulfonamides） | 不得检出[d] | GB/T 18932.17 |
| 土霉素/金霉素/四环（Oxytetracycline/Chlortetracycline/Tetracycline）（总量） | ≤300 | GB/T 18932.23 |
| 链霉素（Streptomycin） | ≤20 | GB/T 22995 |
| 氟喹诺酮类（Fluoroquinolones） | 不得检出（<2） | GB/T 20757 |

[a] 双甲脒检出限为 10 μg/kg，双甲脒代谢物（2，4-二甲基苯胺）检出限为 20 μg/kg。
[b] 3-氨基-2-噁唑烷酮（AOZ）、5-吗啉甲基-3-氨基-2-噁唑烷基酮（AMOZ）、1-氨基-2-内酰脲（AHD）和氨基脲（SEM）的检出限分别为 0.2 μg/kg、0.2 μg/kg、0.5 μg/kg、0.5 μg/kg
[c] 甲硝唑（MNZ）、二甲硝咪唑（DMZ）、洛硝哒唑（RNZ）、异丙硝唑（IPZ）的检出限为 1.0 μg/kg，2-羟甲基-1-甲基-5-硝基咪唑（HMMNI）、2-(2-羟异丙基)-1-甲基-5-硝基咪唑（IPZOH）、1-(2-羟乙基)-2-羟甲基-5-硝基咪唑（MNZOH）的检出限为 2.0 μg/kg。
[d] 磺胺甲噻二唑的检出限为 1.0 μg/kg；磺胺醋酰、磺胺嘧啶、磺胺吡啶、磺胺二甲异噁唑、磺胺甲基嘧啶、磺胺氯哒嗪、磺胺-6-甲氧嘧啶、磺胺邻二甲氧嘧啶、磺胺甲基异噁唑的检出限为 2.0 μg/kg；磺胺噻唑、磺胺甲氧哒嗪、磺胺间二甲氧嘧啶为 4.0 μg/kg；磺胺甲氧嘧啶、磺胺二甲嘧啶为 8.0 μg/kg；磺胺苯吡唑为 12.0 μg/kg。

### 4.6.2 蜂王浆及蜂王浆冻干粉

污染物、农药残留和兽药残留限量应符合相关食品安全国家标准的规定，同时符合表9的规定。

### 表9 蜂王浆及蜂王浆冻干粉中污染物、农药残留及兽药残留限量

单位为微克每千克

| 项目 | 指标 | 检验方法 |
|---|---|---|
| 总砷（以As计） | ≤200 | GB 5009.11 |
| 铅（以Pb计） | ≤200 | GB 5009.12 |
| 氟胺氰菊酯（Fluvalinate） | ≤20 | GB 23200.100 |
| 硝基呋喃类（Nitrofurans）［以3-氨基-2-噁唑烷基酮（AOZ），或5-甲基吗啉-3-氨基-2-噁唑烷基酮（AMOZ），或1-氨基-2-内酰脲（AHD），或氨基脲（SEM）计］ | 不得检出（<0.5） | GB/T 21167 |
| 氯霉素（Chloramphenicol） | 不得检出（<0.3） | SN/T 2063 |
| 土霉素/金霉素/四环素（总量）（Oxytetracycline/Chlortetracycline/Tetracycline） | ≤300 | GB/T 23409 |
| 链霉素（Streptomycin） | ≤20 | GB/T 22945 |
| 磺胺类（Sulfonamides） | 不得检出（<5.0） | GB/T 22947 |
| 硝基咪唑类（Nitroimidazoles） | 不得检出[a] | GB/T 22949 |
| 氟喹诺酮类（Fluoroquinolones） | 不得检出（<2.5） | GB/T 23411 |

[a] 甲硝唑（MNZ）、二甲硝咪唑（DMZ）、洛硝哒唑（RNZ）、异丙硝唑（IPZ）的检出限为 2.0 μg/kg，2-羟甲基-1-甲基-5-硝基咪唑（HMMNI）、2-(2-羟异丙基)-1-甲基-5-硝基咪唑（IPZOH）的检出限为 5.0 μg/kg。

### 4.6.3 蜂花粉

污染物、农药残留限量应符合相关食品安全国家标准的规定，同时符合表10的规定。

表 10 蜂花粉中污染物残留限量

单位为微克每千克

| 项目 | 指标 | 检验方法 |
|---|---|---|
| 总砷（以As计） | ≤200 | GB 5009.11 |
| 铅砷（以Pb计） | ≤500 | GB 5009.12 |
| 总汞（以Hg计） | ≤15 | GB/T 23869 |

## 4.7 微生物限量

应符合表11~表14的规定。

表 11 蜂蜜中微生物限量

| 项目 | 指标 | 检验方法[a] |
|---|---|---|
| 菌落总数，CFU/g | ≤1 000 | GB 4789.2 |
| 大肠菌群，MPN/g | ≤0.3 | GB 4789.3 |
| 霉菌计数，CFU/g | ≤200 | GB 4789.15 |
| 沙门氏菌 | 0/25 g | GB 4789.4 |
| 志贺氏菌 | 0/25 g | GB 4789.5 |
| 金黄色葡萄球菌 | 0/25 g | GB 4789.10 |

[a] 样品的分析及处理按 GB 4789.1 执行。

表 12 蜂王浆中微生物限量

| 项目 | 指标 | 检验方法[a] |
|---|---|---|
| 菌落总数，CFU/g | ≤200 | GB 4789.2 |
| 大肠菌群，MPN/g | ≤0.3 | GB 4789.3 |

（续表）

| 项目 | 指标 | 检验方法[a] |
|---|---|---|
| 霉菌和酵母计数，CFU/g | ≤50 | GB 4789.15 |
| 沙门氏菌 | 0/25 g | GB 4789.4 |
| 志贺氏菌 | 0/25 g | GB 4789.5 |
| 金黄色葡萄球菌 | 0/25 g | GB 4789.10 |

[a] 样品的分析及处理按 GB 4789.1 执行。

**表 13 蜂王浆冻干粉中微生物限量**

| 项目 | 指标 | 检验方法[a] |
|---|---|---|
| 菌落总数，CFU/g | ≤1 000 | GB 4789.2 |
| 大肠菌群，MPN/g | ≤0.3 | GB 4789.3 |
| 霉菌和酵母计数，CFU/g | ≤50 | GB 4789.15 |
| 沙门氏菌 | 0/25 g | GB 4789.4 |
| 志贺氏菌 | 0/25 g | GB 4789.5 |
| 金黄色葡萄球菌 | 0/25 g | GB 4789.10 |

[a] 样品的分析及处理按 GB 4789.1 执行。

**表 14 蜂花粉中微生物限量**

| 项目 | 指标 | 检验方法[a] |
|---|---|---|
| 沙门氏菌 | 0/25 g | GB 4789.4 |
| 志贺氏菌 | 0/25 g | GB 4789.5 |
| 金黄色葡萄球菌 | 0/25 g | GB 4789.10 |

[a] 样品的分析及处理按 GB 4789.1 执行。

### 4.8 净含量

应符合国家质量监督检验检疫总局令2005年第75号《定量包装商品计量监督管理办法》的规定，检验方法按JJF 1070执行。

## 5 检验规则

申请绿色食品应按照本标准中4.4—4.8以及附录A所确定的项目进行检验，每批产品交收（出厂）前，都应进行交收（出厂）检验，交收（出厂）检验内容包括包装、标志、净含量、感官、理化指标、微生物。其他要求应符合NY/T 1055的规定。

## 6 标签

标签应符合GB 7718及GB 28050的规定。

## 7 包装、运输和贮存

**7.1** 包装应符合NY/T 658的规定。

**7.2** 运输和贮存应符合NY/T 1056的规定。鲜蜂王浆原料及成品应及时生产和冷冻贮存。

## 附录 A
### （规范性附录）
### 绿色食品　蜂产品申报检验项目

表A.1规定了除4.4~4.8所列项目外，依据食品安全国家标准和绿色食品蜂产品生产实际情况，绿色食品蜂产品申报检验还应检验的项目。

## 附录 2

### 表 A.1 蜂花粉微生物项目

| 项目 | 采样方案及限量（若非指定，均以/25克表示） | | | | 检验方法 |
|---|---|---|---|---|---|
| | $n$ | $c$ | $m$ | $M$ | |
| 菌落总数 | 5 | 2 | $10^3$ CFU/g | $10^4$ CFU/g | GB 4789.2 |
| 大肠菌群 | 5 | 2 | 4.3 MPN/g | 46 MPN/g | GB 4789.3 |
| 霉菌 | $\leqslant 2 \times 10^2$ CFU/g | | | | GB 4789.15 |

注1：$n$ 为同一批次产品应采集的样品件数；$c$ 为最大可允许超出 $m$ 值的样品数；$m$ 为微生物指标可接受水平限量值；$M$ 为微生物指标的最高安全限量值。

注2：菌落总数、大肠菌群等采样方案以最新国家标准为准。